Delicious&
basic Waffle

Delicious&
basic Waffl

Delicious&
basic Waffle

香脆・鬆軟・幸福的滋味

好好吃の
格子鬆餅

のむらゆかり
Yukari Nomura

好好吃の格子鬆餅

contents

本書的使用方式

- 1個量杯為200㎖、1大匙為15㎖、1小匙為5㎖。
- 蛋的尺寸為M。
- 本書皆採用日產的麵粉、米粉、鮮奶油、奶油（無鹽）、油類。
- 建議使用發酵奶油。
- 書中所使用的糖為細砂糖，也可改用自己喜歡的糖類。
- 本書使用fruits de mer Guerande天然鹽。
  建議使用天然鹽。如果使用精製鹽則請減量。
- 請選用不含鋁的泡打粉。
- 可以香草莢代替香草精。
- 若不削去果皮，請盡量選用國產水果，並多加清洗再使用。

前言

　　說起這個故事時，我的腦海中會浮現了一個場景，那是很久之前在荷蘭所發生的事。

　　那一天，我漫步在市場，忽然聞到一陣從遠處飄來香甜的味道，我循著香味尋找源頭，發現的是一個賣荷式鬆餅（請參閱P.86）的攤子。

　　在那充滿活力的攤位前，滿是手持鬆餅的當地人，每個看起來一臉盡是幸福的樣兒。而這一天並非什麼特別節日，只是平凡的一日，卻是一幅充滿歡樂的風景。

　　格子鬆餅，是使用麵粉、蛋、牛奶、奶油作成的簡單食品。每回至國外旅行時，在足以一窺各國素材美味的市場或路邊攤、旅館或餐廳的早點中享用鬆餅或薄煎餅，已是我最愛的享受之一。

　　我特別喜歡有鬆餅攤林立的布魯塞爾街頭、散發著濃濃荳蔻香的北歐鬆餅、淋上酸櫻桃醬汁的美味德國鬆餅、健康取向的舊金山鬆餅……其實許多家庭都擁有一台鬆餅機，而每一家也都有屬於自家味的獨特配方。

　　鬆餅的歷史極為悠遠，據說發源自紀元前的希臘時代，最初的原型是法國oublie餅，這是一種將粉類與蛋以鐵板烘烤的點心。在荷語與德語中，wafe＝web＝weave＝編織，所以鬆餅一字的語源有著「交織」之意。

　　本書以具代表性的「列日鬆餅」、「布魯塞爾鬆餅」、「美式鬆餅」為基礎，試著重現各國的鬆餅美味，希望你能將鬆餅機當成日常的夥伴，而且每天樂在其中，因此特別設計了許多注重養生的低卡鬆餅配方。

　　鬆餅很難作嗎？一點都不難喔！只要掌握基本技巧，並將其中30％低筋麵粉換成自己喜歡的粉類（全穀粉、糙米粉、蕎麥粉、雜糧粉等……）即可。

　　在此誠摯邀請您一起動手製作熱呼呼的格子鬆餅，為自己和心愛的人創造身＆心的幸福……

のむらゆかり

Delicious&
basic Waffle

［材料］

以麵粉、蛋、牛奶、奶油等簡單的素材即可製作格子鬆餅。
本單元將依序從基礎材料至特殊配料一一介紹，
請依食譜選用適合的材料。

粉類

低筋麵粉

不太有黏性，適合製作口感輕薄、組織鬆軟綿細的點心。建議使用日產商品。

高筋麵粉

麩質含量高，加水搓揉即出現強力的黏性與彈性，適合製作成麵包與派的麵團。

米粉

以米加工製成的粉類，除了用於日式點心之外，也可取代麵粉製作西式點心或麵包。

蕎麥粉

由蕎麥種子經脫粒、製粉而成。單純的香味很受歡迎，也可以製作成饅頭或可麗餅。

白玉粉

將糯米去殼加水以石磨研磨成漿後，加入大量的水攪拌、經沉澱、脫水、乾燥製成。

全麥粉

是一種未經精製粉類，含有小麥胚乳、胚芽和麩皮的完整穀粒成分。具獨特的風味與口感，營養價值高。

麥片

將燕麥經滾筒壓碎，碾平製成。相較其他穀物含有更多蛋白質與維生素B_1。

糖・甘味料

細砂糖

100％由甜菜提煉而成的細砂糖，甜味溫和而清爽，可用於蛋糕或糖漿。

黍砂糖

以甘蔗為原料所製成的精緻砂糖。含有豐富的鈣、鉀、鎂。類似台灣二砂。

珍珠糖（PEARL SUGAR）

冰雹狀的砂糖，製作比利時鬆餅時必備。享受溶化在口中的美妙感覺與酥脆的口感。

楓糖漿

由楓樹樹液提煉而成的天然甘味料。甜味溫和、風味獨特而濃郁，深受大眾喜愛。

糖粉

由細砂糖或白砂糖磨製成粉狀。乾爽易溶於水的特質，是製作糖衣必備的材料。

甜菜糖

精心將甜菜根富含的礦物質與風味留存下來的糖。含有促進腸內益生菌生長的寡糖。

楓糖

含有豐富礦物質的天然甘味料，由100％楓糖漿所製。

米飴

將糯米以麥芽糖化提煉而成，不含添加物。味道濃郁可口，風味單純，廣受喜愛。

乳製品

奶油

以鮮奶油的乳脂濃縮製成。有含鹽及無鹽兩種。製作點心多使用後者。

發酵奶油

將乳酸菌加入於奶油中使之發酵，因而增添了濃濃的香氣，微微的酸味，具醇厚風味。

鮮奶油

由牛奶所含的乳脂濃縮而成。可增添點心的香醇與風味，若過度打發時會產生分離現象。

膨脹劑

乾酵母

讓麵團膨脹的膨脹劑，由活酵母經乾燥製成。

白神こだま（kodama）酵母

發現自世界自然遺產「白神山地」。不含添加物的天然野生酵母。不需培育酵母菌，使用方式與乾酵母相同，十分方便。

泡打粉

可使點心膨鬆，輕鬆地作出美味點心。請選用不含鋁的泡打粉。

增添香氣的材料

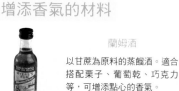

蘭姆酒

以甘蔗為原料的蒸餾酒。適合搭配栗子、葡萄乾、巧克力等，可增添點心的香氣。

KAHLUA（卡魯哇）咖啡香甜酒

由阿拉比卡咖啡豆所製成的墨西哥產利口酒。常用於雞尾酒或點心製作。

柑橘甜酒

以柑橘製成的一種利口酒，以柑橘皮與干邑白蘭地為原料。

香草精

味道香甜，很適合搭配蛋糕或奶油。常用於蛋糕或餅乾等烘烤類點心。

Kirschwasser櫻桃酒

以櫻桃為原料製作而成無色透明蒸餾酒。德語稱為Kirschwasser。可以為糖漿或奶油增添風味。

裝飾配品

杏仁角

點心製作時最常用的堅果。圖為切碎的杏仁。可掺入餅乾麵團中，也可以作為裝飾之用。

糖漬橘皮

糖漬的橘子皮。切碎後可加入水果蛋糕或巧克力中，也適用於蛋糕裝飾。

野生藍莓乾

乾燥野生藍莓，含豐富的花青素，具防老化效果。

巧克力錠

不需調溫（加熱處理）的裝飾用西點巧克力。錠狀。

核桃

含有豐富的脂肪，新鮮或乾燥皆可食用。形狀特殊，常利用其獨特形狀作為裝飾，也可將核桃切碎，加入麵團中使用。

糖漬柚皮

糖漬柚的柚子皮。保有柚子原有的味道與香氣。可用於磅蛋糕或餅乾。

黑醋栗乾

以小顆粒山葡萄的果實乾燥製成，甜中帶酸。可加入磅蛋糕或餅乾的麵團中。

巧克力碎片

可加入餅乾等麵團中一起烘焙，也可以作為裝飾之用。

［工具］

介紹製作鬆餅的基本工具。
其中也包含可以替用的日常烘焙工具。
請檢查一下缺少了什麼,一起買齊了吧!

量匙

請準備15ml的大匙、5ml的小匙即可。秤量粉類時,請以切齊匙口的方式。

量杯

用於測量粉類或液體,建議使用透明量杯。多準備數個量杯,製作甜點時會更加方便。

電子秤

正確測量分量,是成功製作甜點的祕訣。請準備可以測量1g為單位,並有數位顯示的電子秤。

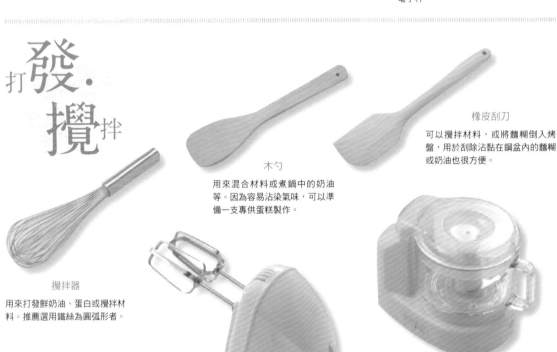

木勺

用來混合材料或煮鍋中的奶油等。因為容易沾染氣味,可以準備一支專供蛋糕製作。

橡皮刮刀

可以攪拌材料,或將麵糊倒入烤盤,用於刮除沾黏在鋼盆內的麵糊或奶油也很方便。

攪拌器

用來打發鮮奶油、蛋白或攪拌材料。推薦選用鐵絲為圓弧形者。

手提式電動攪拌器

相較於攪拌器,打發更加快速。打發鮮奶油或蛋白霜時相當方便。

食物調理機

電動式調理機,可短時間內攪碎、磨碎、擦碎、攪拌材料。可以將蔬菜或水果打成泥狀,磨碎堅果。

過篩・擠花

濾網
用於過篩粉類，過濾果醬、菜泥、果泥，也可將蔬菜壓成泥狀。

濾茶器
用於過濾綠茶或紅茶。少量的粉類或糖粉過篩時也很方便。

擠花袋＆擠花嘴
用於擠蛋白霜或奶油等。由內側嵌入擠花嘴後使用。

其他

鋼盆
用於盛裝、攪拌材料，製作點心必備工具。有不銹鋼、玻璃等材質。建議製作甜點時準備數個不同大小的鋼盆。

麵棒
用於擀平麵團。

抹刀
將奶油或果醬塗抹於蛋糕或點心上使用。

網架
讓剛出爐的鬆餅放置網架上降溫，或擠上巧克力或醬類時使用也很方便。

方便の小工具

橫口湯勺
勺嘴採橫向設計，便於將流質麵糊倒入鬆餅機中。麵糊易倒入＆不易外流。

冰淇淋勺（大・小）
可以舀出大致等量的鬆餅麵團，放入鬆餅機中。舀與放都很容易上手，方便作出相同大小的鬆餅。

矽膠夾
前端為矽膠製的夾子。用於夾取剛出爐鬆餅，不會刮傷鬆餅機。

矽膠製毛刷
刷毛柔軟易刷，因為耐熱性高，在鬆餅機尚有熱度時，可以毛刷塗抹油類於內側。

鬆餅刷
清除堆積在鬆餅機凹凸處的汙垢或麵團，非常方便。因屬耐熱材質，鬆餅機尚有熱度時也可放心使用。

［鬆餅機］

製作鬆餅時必備的鬆餅機，
分為插電式與直火式兩種鬆餅機。
插電式鬆餅機的價格較高，
但烤色均勻，製程時間短，
所以大量烘烤時非常方便。
直火式鬆餅機價格便宜，直接放在瓦斯爐上，
以來回翻面方式烘烤，
適合少量＆一片片悠閒製作鬆餅時使用。

※關於鬆餅機資訊，
　請參閱P.96。

直火式　MBベルジャン
鬆餅機

（株）タイガークラウン（Tiger crown）

瓦斯爐及IH調理爐皆可使用。以高熱效率金屬板快速高溫調理。烤出的鬆餅表皮酥脆、裡層濕潤。烤盤以氟化乙烯樹脂加工（大理石表面塗層）所製，不易沾黏，容易取出。廚房及戶外皆可使用。

直火式　南部鐵器鬆餅烤盤

及源鑄造（株）

日式鬆餅烤盤。耐熱、耐磨性佳，使用愈久愈能展現耐用＆樸實味道。日本製造，保養簡單。

クイジナート（Cuisinart）鬆餅機
經典圓形烤盤

アルファエスパス（Alphaespace）（有）

可烘烤傳統經典風格大圓鬆餅。有五階段烘烤調整設定。由美國頂級廚房家電品牌Cuisinart公司製造。

直火式ニューバウルー

義大利商事（株）

直火式的鬆餅機，可立即使用，操作簡單。內側表層為樹脂加工，不易黏著、清洗容易，保養輕鬆。

Vitantonio ビタントニオ
鬆餅＆三明治烘焙機 VWH-4000-K

三栄コーポレーション
（Corporation）（株）

900W高功率，烹調時間短，烤出的鬆餅外皮酥脆，內餡鬆軟，烤色均勻。附有深形烤盤、熱三明治烤模兩種。one touch即可將烤盤取出，可水洗。另售甜甜圈、義式薄餅、義大利三明治、塔等多種烤盤。

cloer belgian waffle maker
（比利時鬆餅機）1445JP

クロア日本總經銷
ウイナーズ（winners）（株）

在家中就可以輕鬆享受以強力烘烤正宗鬆餅的樂趣。長方形烤盤，可製作布魯塞爾與列日兩種鬆餅。採無油製作，清爽而健康。附有鬆餅完成時的指示器。可直立收藏，以節省空間。

cloer waffle maker
（鬆餅機）189JP

クロア日本總經銷
ウイナーズ（winners）（株）

可快速烘烤，烤出的鬆餅酥脆鬆軟。心形烤盤。附有調整烤色及加溫功能控制，可以隨喜好烘烤出深淺不同的烤色。內有提示警示燈與鬧鈴，保養簡單。

Part.1
基礎の格子鬆餅

提到鬆餅，
特別有名的是比利時鬆餅，
分為口感扎實的「列日鬆餅」＆
口感鬆軟的「布魯塞爾鬆餅」，
兩種皆以乾酵母粉發酵製成。
另一款「美式鬆餅」，
則是以泡打粉發酵製成，
口感清爽。
本單元將逐一介紹這三款基礎鬆餅。

LIÈGE

基礎の格子鬆餅

列日鬆餅（原味）

比利時鬆餅有兩種，一是列日鬆餅，另一是布魯塞爾鬆餅。
列日鬆餅，是比利時烈日地區的甜點，
而若要探究比利時的起源，或許得追溯到希臘或埃及年代。
在13世紀時已出現了將穀粉攪拌成糊狀，放入鑄模烘烤的製作方法，
製作時，在乾酵母粉所發酵的奶油麵團中（亦即經過揉麵、發酵）
加入珍粉糖、牛奶，過程較為繁複，但據說此作法自18世紀就已開始流行了，
而所製作出來的成品呈現出外酥脆內柔韌的口感，非常好吃呢！
現在，就請與我盡情享受酥脆的口感＆香氣吧！

材料（12片份）

低筋麵粉	380g
乾酵母粉	6g
蛋	1個
蛋黃	1個份
砂糖	2小匙
蜂蜜	1大匙
牛奶	180㎖
無鹽奶油	160g
鹽	7g
香草精	少許
珍珠糖（可以方糖磨碎代替）	150g

※取一半的分量製作時，
除了蛋之外，其他的材
料皆取一半，蛋（全蛋
＋蛋黃）取43g。

| 預先準備 |

●將低筋麵粉過篩。

●蛋置於室溫下回溫，牛奶稍微加熱至微溫。

※如果材料於冰涼狀態下，將會影響酵母的功能。

●將奶油以隔水加熱融化後，靜置降溫。

製作方法

將已過篩低筋麵粉倒入鋼盆中，在中間製作一凹槽，倒入乾酵母粉。

將低筋麵粉與乾酵母粉以攪拌器混合。

取另一個鋼盆，將蛋打散，加入砂糖與蜂蜜。

持續攪拌至蛋無黏性且產生少許白色泡泡時，倒入牛奶一起拌勻。

將步驟❹材料緩慢地倒入步驟❷鋼盆的凹槽中。

以攪拌器由內向外輕慢地攪拌。

攪拌至表面呈現光滑後，倒入已溶解的奶油，改以橡皮刮刀代替攪拌器攪拌。

將鹽撒於麵團上，再繼續攪拌至光滑狀，摻入香草精，輕輕攪拌，再加入珍珠糖一起攪拌。

覆蓋保鮮膜後，於30℃環境下發酵約30分鐘（可準備一碗熱水，與麵團同時放入收納容器中）。

等待麵團發酵至約兩倍大的狀態。

使用冰淇淋勺（或稍大的湯匙），將麵團放入已預熱的烤盤中，再請依照鬆餅機說明書指示進行烘烤。

烤好後，以長筷或矽膠夾子取出，置於網架待涼。

以直火式鬆餅機烘烤

將烤盤放在火源上充分加熱，以隔熱刷在烤模內側均勻塗抹一層沙拉油。

以冰淇淋勺放妥麵團（若是製作布魯塞爾式、美式鬆餅則將麵糊均勻倒入烤模），蓋上蓋子，一邊烤一邊翻面，使烤盤兩面均勻受火。可以竹籤挑起麵團，觀察反面的烤色，當麵團烤至焦黃色時即完成。

memo

若想在早晨立即烘烤，在就寢前先準備材料，放入冰箱蔬菜室以低溫發酵。請先將乾酵母粉減少2g製作麵團，製作後放入冰箱蔬菜室發酵8至10小時。發酵至步驟10的鬆軟狀態即可。

BRUXELLES

布魯塞爾鬆餅（原味）

同為比利時鬆餅之一的布魯塞爾鬆餅，
誕生於1856年，出自位於根特街道上一家名為Max的店鋪。
Max只是一家巡迴於嘉年華會及遊樂園的移動攤位，
卻聽說擁有整齊的屋頂與牆面，
當地人很喜歡在店裡享用搭配了糖粉或糖、巧克力或水果的鬆餅。
這款鬆餅雖誕生於根特（Gent），但卻被命名為布魯塞爾，
是因當時的根特不甚知名，所以才被冠以首都之名。

在得知這小插曲後，頗能感受到店主人想要推廣這款鬆餅的理想及氣概。
Max現為第六代的店主所經營，
看著他純熟地轉動著熱呼呼的鐵製烤盤，一會兒功夫就完成了，
簡直是日本的鯛魚燒啊！
布魯塞爾鬆餅的麵糊比列日式鬆軟，烤出來的鬆餅口感蓬鬆。
吃的時候撒上糖粉，或搭配奶油，或淋上醬汁，加點水果……
多種變化吃法都能讓你開心享用她的美味。

製作方法

① 將已過篩的粉類倒入稍大的鋼盆中，在中間製作一凹槽，倒入乾酵母粉。將中間的粉類與乾酵母粉以攪拌器混合。

② 取另一個鋼盆，將蛋打散，加入砂糖後持續攪拌至蛋無黏性，並產生少許白色泡泡。

③ 將牛奶、蜂蜜、鹽加入一起攪拌均勻。

④ 將步驟❸材料慢慢倒入步驟❶鋼盆的凹槽中。

⑤ 以攪拌器由內向外輕慢地攪拌。

⑥ 攪拌至表面呈現光滑後，倒入已溶解的奶油、香草精一起攪拌。

⑦ 覆蓋保鮮膜後，於30℃環境下發酵約30分鐘。圖為發酵至表面膨脹的狀態。

⑧ 將麵糊倒入已預熱的烤盤中（約可蓋住烤盤圖案的分量），再請依照鬆餅機說明書指示進行烘烤。

⑨ 觀察反面的烤色，當麵團烤至焦黃色時即完成。以長筷子或矽膠夾取出，放於網架上。可撒上個人喜歡的糖粉，或搭配打發鮮奶油品嘗。

材料（正方形・7片份）

低筋麵粉	100g
高筋麵粉	40g
乾酵母粉	4g
蛋	2個
砂糖	40g
牛奶	200ml
蜂蜜	1大匙
鹽	2g
無鹽奶油	70g
香草精	少許

預先準備

●將低筋麵粉與高筋麵粉混合後，過篩。
●蛋置於室溫下回溫，牛奶稍微加熱至微溫。
※如果材料於冰涼狀態下，將會影響酵母的功能。
●將奶油以隔水加熱融化後，靜置降溫。

memo

如果想在早晨立即烘烤，可在就寢前先準備材料，放入冰箱蔬菜室以低溫發酵。請先將乾酵母粉減少2g製作麵團，製作後放入冰箱蔬菜室發酵8至10小時。發酵膨脹至製程步驟7的狀態即可。

AMERICAN

基礎の格子鬆餅

美式（原味）

據說美式鬆餅的作法是移民至美國的荷蘭人所創，
將蜂巢圖案的薄煎餅稱為WAFEL，經美國化之後就成了WAFFLE。
製作時不需經過發酵程序，只要將泡打粉加入麵糊混合拌勻，
即可進行烘烤，作法非常簡單。
請在鬆餅上淋上滿滿的楓糖漿，盡情地享用吧！

製作方法

1 將已過篩的粉類倒入鋼盆中，在中間製作一凹槽。

2 取另一個鋼盆，將蛋打散，加入砂糖與蜂蜜於盆中。

3 持續攪拌至蛋無黏性、產生少許白色泡泡時，倒入牛奶一起拌勻。

4 倒入已溶解的奶油、香草精一起攪拌。

5 將步驟❹材料緩慢地倒入步驟❶鋼盆的凹槽中。

6 以攪拌器由內向外輕慢地攪拌（為避免產生筋性，請勿攪拌過度）。

7 將麵糊倒入已預熱的烤盤中（約可蓋住烤盤圖案的分量），再依照鬆餅機說明書指示進行烘烤。

8 當烤成漂亮的黃褐色就完成了。以長筷子或矽膠夾取出，放在網架上，撒上糖粉即完成。

材料（圓形‧3片份）

低筋麵粉	100g
泡打粉	至少3g
鹽	1g
蛋	1個
砂糖	40g
蜂蜜	1大匙
牛奶	100ml
無鹽奶油	25g
香草精	少許

| 預先準備 |

●將低筋麵粉、泡打粉、鹽混合後，過篩。
●將奶油以隔水加熱融化後，靜置降溫。

放上奶油，淋上楓糖漿的美式吃法，最道地！

LIÈGE
列日式

懷舊復古口味の鬆餅
再次重現傳說中王子所鍾愛的肉桂法蘭酥

材料（12片份）
低筋麵粉…………………………380g
肉桂粉……………………………2小匙
乾酵母粉…………………………6g
蛋…………………………………1個
蛋黃………………………………1個份
砂糖………………………………45g
蜂蜜………………………………1大匙
牛奶………………………………180㎖
無鹽奶油…………………………160g
鹽…………………………………8g
香草莢……………………………⅕支
白蘭地……………………………1小匙

| 預先準備 |

●將低筋麵粉與肉桂粉混合，過篩。
●蛋置於室溫下回溫，牛奶稍微加熱至微溫。
●將奶油以隔水加熱融化後，靜置降溫。

製作方法

❶將過篩低筋麵粉，倒入鋼盆中，在中間製作一凹槽，倒入乾酵母粉。將低筋麵粉與乾酵母粉以攪拌器混合。

❷取另一個鋼盆，將蛋和蛋黃打散，加入砂糖與蜂蜜。持續攪拌至蛋無黏性且產生少許白色泡泡時，倒入牛奶一起拌勻。

❸將步驟❶材料倒入步驟❷鋼盆中，以攪拌器由內向外輕緩地攪拌。

❹攪拌至表面呈現光滑後，倒入已溶解奶油，改以橡皮刮刀代替攪拌器攪拌。將鹽撒於麵團上，再繼續攪拌至光滑狀，取出豆夾中香草加入其中。

❺最後倒入白蘭地後攪拌均勻。

❻覆蓋保鮮膜後，於30℃環境下發酵約30分鐘（可準備一碗熱水，與麵團同時放入收納容器中）。

❼以冰淇淋勺（或稍大的湯匙）將麵團放入已預熱的烤盤中，再依照鬆餅機說明書指示進行烘烤。

| 列日の糖漿 |

夾在列日知名點心ラックモン（rarsukumon）中的列日糖漿。淋在鬆餅上一起享用，立即享有奢侈＆幸福的時刻。

材料（易於製作的分量）
洋梨………………………………1.5kg
蘋果………………………………500g
水…………………………………50㎖
檸檬汁……………………………少許

製作方法

❶洋梨與蘋果洗淨、切片（a）後，迅速浸入鹽水（分量外）中。

❷將瀝乾水分的步驟❶材料放入材質較厚的鍋中，倒入水及檸檬汁，蓋上鍋蓋，以小火熬煮約2小時。

❸將果汁以紗布過濾至鍋中（b），將濾過的純果汁再次熬煮。

❹熬煮約1小時煮至濃稠狀（c），將糖漿滴入冷水中測試，糖漿不會散掉即可。

❺將糖漿倒入消毒過的瓶中保存。

a

b

c

memo

以純果汁作成的糖漿，製作過程較費時，卻擁有令人驚嘆的天然美味與甘甜。在盛產洋梨的季節，一定要試著作作看。也可以將榨汁所剩下的果肉壓碎，加入調味料＆砂糖，製作成蘋果醬。

LIÈGE
列日式

巧克力碎片＆香蕉の鬆餅

巧克力＆香蕉的雙重美味

材料（六片份）
香蕉……………………………80g
低筋麵粉………………………160g
乾酵母粉………………………3g
蛋（蛋½個份+蛋黃½個份）……45g
砂糖……………………………1小匙
蜂蜜……………………………1大匙
牛奶……………………………50㎖
無鹽奶油………………………50g
鹽………………………………至少3g
巧克力碎片（耐高溫）…………60g
蘭姆酒…………………………½小匙

| 預先準備 |

●將低筋麵粉過篩。
●蛋置於室溫下回溫，牛奶稍微加熱至微溫。
●將奶油以隔水加熱融化後，靜置降溫。

製作方法

❶香蕉去皮，以叉子壓成泥狀（a）。

❷將過篩低筋麵粉倒入鋼盆中，在中間製作一凹槽，倒入乾酵母粉。將低筋麵粉與乾酵母粉以攪拌器混合。

❸取另一個鋼盆，將蛋打散，加入砂糖與蜂蜜。

❹持續攪拌至蛋無黏性且產生少許白色泡泡時，倒入牛奶，拌勻。

❺將步驟❹材料緩慢地倒入步驟❷鋼盆的凹槽中。

❻以攪拌器由內向外輕慢地攪拌。

❼攪拌至表面呈現光滑後，倒入已溶解奶油，改以橡皮刮刀代替攪拌器攪拌。將鹽撒於麵團上，再繼續攪拌至光滑狀。

❽加入步驟❶材料、巧克力脆片、蘭姆酒後輕輕拌勻。

❾覆蓋保鮮膜後，於30℃環境下發酵約30分鐘（可準備一碗熱水，與麵團同時放入收納容器中）。

❿使用冰淇淋勺（或稍大的湯匙）將麵團放入已預熱的烤盤中，再依照鬆餅機說明書指示進行烘烤。

a

LIÈGE
列日式

林茲(Linzer)風の鬆餅

添加了堅果、覆盆子、香料，
呈現如「林茲塔」般的點心風格。

材料（12片份）

杏仁角	100g
低筋麵粉	380g
肉桂粉	1小匙
小荳蔻粉	$\frac{1}{5}$小匙
肉豆蔻粉	少許
乾酵母粉	6g
蛋	1個
蛋黃	1個份
砂糖	2大匙
蜂蜜	1大匙
牛奶	180㎖
無鹽奶油	160g
鹽	8g
檸檬皮（碎屑）	$\frac{1}{2}$個份
珍珠糖（可以方糖磨碎代替）	100g
糖粉、覆盆子醬	各酌量

| 預先準備 |

●將低筋麵粉、肉桂粉、小荳蔻粉、肉豆蔻粉混合後過篩。
●蛋置於室溫下回溫，牛奶稍微加熱至微溫。
●將奶油以隔水加熱融化後，靜置降溫。

製作方法

❶杏仁角放入已預熱至170℃烤箱，烤約5至8分鐘，取出放涼備用。

❷將過篩低筋麵粉，倒入鋼盆中，在中間製作一凹槽，倒入乾酵母粉。

❸將低筋麵粉與乾酵母粉以攪拌器混合。

❹取另一個鋼盆，將蛋和蛋黃打散，加入砂糖與蜂蜜。

❺持續攪拌至蛋無黏性且產生少許白色泡泡時，倒入牛奶，拌勻。

❻將步驟❺材料緩慢地倒入步驟❸鋼盆的凹槽中。

❼攪拌至表面呈現光滑後，倒入已溶解奶油。

❽以攪拌器與橡皮刮刀依序接替攪拌。將鹽撒於麵團上，加入檸檬皮碎屑，攪拌均勻。

❾將珍珠糖與杏仁角加入一起攪拌，覆蓋保鮮膜後，在30℃環境下發酵約30分鐘（可準備一鋼盆熱水，同時放入收納箱等容器中）。

❿使用冰淇淋勺（或稍大的湯匙），將麵團放入已預熱的烤盤中，再依照鬆餅機說明書指示進行烘烤。

⓫取出鬆餅放於盤子上，撒上糖粉，將覆盆子醬裝入擠花袋擠花（請參閱P.33）。

LIÈGE
列日式

楓糖栗子の鬆餅
每一口都有著幸福的感覺

材料（12片份）
低筋麵粉…………………………380g
乾酵母粉…………………………6g
蛋…………………………………1個
蛋黃………………………………1個份
砂糖………………………………1小匙
蜂蜜………………………………1大匙
牛奶………………………………180㎖
無鹽奶油…………………………160g
鹽…………………………………8g
楓糖（碎片）……………………150g
糖漬栗子（切片）………………70g

| 預先準備 |

●將低筋麵粉過篩。
●蛋置於室溫下回溫，牛奶稍微加熱至微溫。
●將奶油以隔水加熱融化後，靜置降溫。

製作方法

❶將過篩低筋麵粉，倒入鋼盆中，在中間製作一凹槽，倒入乾酵母粉。
❷將低筋麵粉與乾酵母粉以攪拌器混合。
❸取另一個鋼盆，將蛋和蛋黃打散，加入砂糖與蜂蜜。
❹持續攪拌至蛋無黏性且產生少許白色泡泡時，倒入牛奶，拌勻。
❺將步驟❹材料緩慢地倒入步驟❷鋼盆的凹槽中。
❻以攪拌器由內向外輕慢地攪拌。
❼攪拌至表面呈現光滑後，倒入已溶解奶油，改以攪拌器與橡皮刮刀依序接替攪拌。將鹽撒於麵團上，攪拌至光滑狀。
❽加入楓糖碎片、糖漬栗子片，攪拌混合。
❾覆蓋保鮮膜後，在30℃環境下發酵約30分鐘（可準備一鋼盆熱水，同時放入收納箱等容器中）。
❿以冰淇淋勺（或稍大的湯匙）將麵團放入已預熱的烤盤中，再依照鬆餅機說明書指示進行烘烤。

糖漬栗子

使用碎的糖漬栗子即可。
也可替換成甘露煮或甘栗製作，也很好吃！

LIÈGE
列日式

巧克力＋柳橙の鬆餅

可可 & 柳橙的絕妙和弦

材料（6片份）

糖漬橘皮	30g
柑橘甜酒	$\frac{1}{2}$小匙
低筋麵粉	175g
可可粉	15g
乾酵母粉	3g
蛋（蛋 $\frac{1}{2}$ 個份+蛋黃 $\frac{1}{2}$ 個份）	45g
砂糖	1小匙
蜂蜜	1大匙
牛奶	90㎖
無鹽奶油	50g
鹽	3g
珍珠糖（可以方糖磨碎代替）	100g

| 預先準備 |

●將低筋麵粉過篩。
●蛋置於室溫下回溫，牛奶稍微加熱至微溫。
●將奶油以隔水加熱融化後，靜置降溫。

製作方法

❶將糖漬橘皮與柑橘甜酒攪拌備用（a）。
❷將過篩低筋麵粉，倒入鋼盆中，在中間製作一凹槽，倒入乾酵母粉。
❸將低筋麵粉與乾酵母粉以攪拌器混合。
❹取另一個鋼盆，將蛋打散，加入砂糖與蜂蜜。
❺持續攪拌至蛋無黏性且產生少許白色泡泡時，倒入牛奶，拌勻。
❻將步驟❺材料緩慢地倒入步驟❸鋼盆的凹槽中。以攪拌器由內向外輕慢地攪拌。
❼攪拌至表面呈現光滑後，倒入已溶解奶油。
❽以攪拌器與橡皮刮刀依序接替攪拌。將鹽撒於麵團上，攪拌至光滑狀。
❾加入珍珠糖與步驟❶材料，攪拌混合。
❿覆蓋保鮮膜後，在30℃環境下發酵約30分鐘（可準備一鋼盆熱水，同時放入收納箱等容器中）。
⓫以冰淇淋勺（或稍大的湯匙）將麵團放入已預熱的烤盤中，再依照鬆餅機説明書指示進行烘烤。

a

布魯塞爾式

草莓鬆餅

只要花點心思，
就可作出如小蛋糕一般精緻！

材料（正方形・7片份）

低筋麵粉	100g
高筋麵粉	40g
乾酵母粉	4g
蛋	2個
砂糖	40g
牛奶	200㎖
蜂蜜	1大匙
鹽	2g
無鹽奶油	70g
香草精	少許

裝飾

草莓	21顆
鮮奶油	200㎖
砂糖	20g
櫻桃酒	1小匙
糖粉	酌量
茴香葉	酌量

製作方法

❶製作布魯塞爾鬆餅（作法請參閱P.14至P.15）。

❷草莓洗淨後去蒂，對切成半。

❸將鮮奶油、砂糖、櫻桃酒倒入鋼盆，鋼盆底部浸於冰水中，打發鮮奶油至八分立濃稠度。（以攪拌器舀起鮮奶油時，尖端呈彎曲尖角狀態）

❹將步驟❷草莓擺在烤好的鬆餅上，將步驟❸鮮奶油放入擠花袋，以星形花嘴擠花。

❺最後撒上糖粉，以茴香葉裝飾。

memo

在比利時，見到盛滿水果或鮮奶油的法蘭酥陳列在店面中，光看就讓人覺得開心。淋上自己喜歡的草莓或巧克力醬也很好吃。

BRUXELLES
布魯塞爾式

水果鬆餅

將色彩豐富的水果組合

材料（心形·5至6片份）
低筋麵粉……………………100g
高筋麵粉……………………40g
乾酵母粉……………………4g
蛋………………………………2個
砂糖……………………………40g
牛奶…………………………200㎖
蜂蜜……………………………1大匙
鹽………………………………2g
無鹽奶油………………………70g
香草精…………………………少許
裝飾
水果（草莓·哈密瓜·
柳橙·葡萄柚·覆盆子等）………酌量
┌鮮奶油……………………200㎖
│糖…………………………20g
└櫻桃酒……………………1小匙
薄荷葉…………………………酌量
糖粉……………………………酌量

製作方法

❶製作布魯塞爾鬆餅麵糊（作法請參閱P.14至
　P.15），倒入心形烤盤中，再依照鬆餅機説明書
　指示進行烘烤。
❷水果洗淨，切成適口大小。
❸將鮮奶油、砂糖、櫻桃酒倒入鋼盆，鋼盆底部浸
　於冰水中，打發鮮奶油至八分立濃稠度。（以攪
　拌器舀起鮮奶油時，尖端呈彎曲尖角狀態）
❹將步驟❷水果擺在烤好的鬆餅上，將步驟❸鮮奶
　油放入擠花袋，以圓形花嘴擠花，以薄荷葉裝
　飾，並撒上糖粉。

布魯塞爾式

布魯塞爾鬆餅＋巧克力醬汁

調和巧克力的甜 & 覆盆子的微酸

材料（正方形7片份）
低筋麵粉⋯⋯⋯⋯⋯⋯⋯⋯⋯⋯⋯100g
高筋麵粉⋯⋯⋯⋯⋯⋯⋯⋯⋯⋯⋯40g
乾酵母粉⋯⋯⋯⋯⋯⋯⋯⋯⋯⋯⋯4g
蛋⋯⋯⋯⋯⋯⋯⋯⋯⋯⋯⋯⋯⋯⋯2個
砂糖⋯⋯⋯⋯⋯⋯⋯⋯⋯⋯⋯⋯⋯40g
牛奶⋯⋯⋯⋯⋯⋯⋯⋯⋯⋯⋯⋯⋯200ml
蜂蜜⋯⋯⋯⋯⋯⋯⋯⋯⋯⋯⋯⋯⋯1大匙
鹽⋯⋯⋯⋯⋯⋯⋯⋯⋯⋯⋯⋯⋯⋯2g
無鹽奶油⋯⋯⋯⋯⋯⋯⋯⋯⋯⋯⋯70g
香草精⋯⋯⋯⋯⋯⋯⋯⋯⋯⋯⋯⋯少許
裝飾
巧克力醬
┌ 巧克力（可可成分60%以上）⋯⋯100g
  水⋯⋯⋯⋯⋯⋯⋯⋯⋯⋯⋯⋯⋯150ml
  砂糖⋯⋯⋯⋯⋯⋯⋯⋯⋯⋯⋯⋯50g
  鮮奶油⋯⋯⋯⋯⋯⋯⋯⋯⋯至少4大匙
└ 覆盆子醬⋯⋯⋯⋯⋯⋯⋯⋯⋯1$\frac{1}{2}$大匙
糖粉・覆盆子・薄荷葉⋯⋯⋯⋯各酌量

製作方法

❶製作布魯塞爾鬆餅（作法請參閱P.14至P.15）。
❷製作巧克力醬。將巧克力（切碎）放入鋼盆，隔水加
　熱溶解。
❸將水與砂糖放入鍋中以小火加熱，至沸騰時加入步驟
　❷巧克力醬，調整至小火，倒入鮮奶油，攪拌均勻。
❹以小火煮約一分鐘，加入覆盆子醬攪拌均勻，熄火。
❺將糖粉撒於烤好的鬆餅上，淋上步驟❹巧克力醬，以
　覆盆子與薄荷葉裝飾。

memo
將覆盆子風味的巧克力醬淋在鬆餅 & 冰淇淋上
面，配上巧克力口味的鬆餅也相當速配呢！

BRUXELLES
布魯塞爾式

布魯塞爾鬆餅＋牛奶焦糖醬汁

剛出爐的鬆餅＋冰淇淋＝最棒的點心！

材料（正方形・7片份）

低筋麵粉……………………100g
高筋麵粉……………………40g
乾酵母粉……………………4g
蛋………………………………2個
砂糖…………………………40g
牛奶…………………………200㎖
蜂蜜…………………………1大匙
鹽……………………………2g
無鹽奶油……………………70g
香草精………………………少許
裝飾
焦糖醬（易製作的分量）
┌細砂糖………………………100g
│米飴（水飴）……………1大匙
│水……………………………50㎖
└鹽……………………………一小撮
鮮奶油………………………100㎖
糖粉…………………………酌量
香草冰淇淋…………………酌量

製作方法

❶ 製作布魯塞爾鬆餅（作法請參閱P.14至P.15）。

❷ 製作焦糖醬。將刮號中材料放入鍋中以小火加熱，煮至呈淡焦糖色後，倒入鮮奶油一起攪拌。

❸ 將烤好的鬆餅放於盤中，撒上糖粉，以冰淇淋勺（或稍大的湯匙）將冰淇淋舀至鬆餅上。

❹ 將步驟❷的焦糖醬淋在冰淇淋上即完成。

美式

巧克力＋香蕉の鬆餅

看起來真好吃！傷腦筋的是該先吃什麼呢？

材料（圓形・7片份）

低筋麵粉……………………………100g
泡打粉………………………………至少3g
鹽……………………………………1g
砂糖…………………………………40g
蛋……………………………………1個
蜂蜜…………………………………1大匙
牛奶…………………………………100㎖
無鹽奶油……………………………25g
香草精………………………………少許
裝飾
巧克力錠……………………………30g
┌鮮奶油……………………………200㎖
│砂糖………………………………15g
└蘭姆酒……………………………½小匙
香蕉…………………………………3根
茴香葉………………………………酌量

製作方法

❶ 製作美式鬆餅（作法參閱P.16至P.17）。
❷ 巧克力錠隔水加熱（a）之後，裝入擠花袋（參照下述內容）。
❸ 將鮮奶油、砂糖、蘭姆酒倒入鋼盆，隔冰水打發至八分濃稠度。
❹ 香蕉切成圓片。
❺ 鬆餅切成四等分放在盤中，擺放上步驟❹香蕉片。
❻ 以湯匙將步驟❸的鮮奶油放在鬆餅中間，將步驟❷的巧克力隨意擠於上層，最後以茴香葉裝飾。

a

｜擠花袋製作方法｜

❶ 將烹調專用紙（或烘焙紙）剪成長方形，沿著對角線裁成直角三角形（a）。
❷ 右手手持直角部分，以頂點到長邊垂直伸展點為原點，一邊以左手壓住，一邊將紙往內側捲動（b）。
❸ 密合擠花袋下方尖端出口，將上方尖銳部分往內摺（c），裝入內容物之後將前端剪一小開口即可。

a   b   c

AMERICAN
美式

美式鬆餅 佐 草莓醬汁

冰涼奶油 ＋ 微熱醬汁的絕妙美味

材料（圓形・3片份）
低筋麵粉……………………………100g
泡打粉……………………………至少3g
鹽……………………………………1g
砂糖…………………………………40g
蛋…………………………………1個
蜂蜜………………………………1大匙
牛奶………………………………100㎖
無鹽奶油……………………………25g
香草精………………………………少許
裝飾
草莓醬汁（易於製作的分量）
草莓…………………………………350g
水……………………………………50㎖
細砂糖………………………………80g
檸檬汁………………………………1小匙
柑橘甜酒……………………………1小匙
鮮奶油………………………………100㎖
砂糖…………………………………10g
櫻桃酒…………………………… 1/4小匙
草莓（裝飾用）……………………9個
薄荷葉………………………………酌量

製作方法

❶ 製作美式鬆餅（作法參閱P.16至P.17）。
❷ 製作草莓醬汁。將草莓與水、細砂糖、檸檬汁倒入鍋中，以小火加熱（若時間許可，將細砂糖抹在草莓表面後靜置一晚，不需加水）。
❸ 一邊撈取泡沫浮渣，一邊待醬汁沸騰後將草莓取出。
❹ 讓煮汁與柑橘甜酒再次加熱，待沸騰之後就完成了。
※若將取出的草莓重新放回鍋中煮沸，會變成像草莓醬般的濃稠醬汁。
❺ 將鮮奶油、砂糖、櫻桃酒倒入鋼盆，隔冰水打發至八分濃稠度。
❻ 將裝飾用草莓切成四等分。
❼ 將烤好的鬆餅切成四等分放在盤子上，將步驟❻的草莓放在鬆餅上、步驟❺的奶油裝入擠花袋中以星形擠花嘴擠花、淋上步驟❹的醬汁後以薄荷葉裝飾。

memo

這是以新鮮草莓熬煮而成的草莓醬。讓醬汁淋在鮮奶油或乳酪醬上一起享用，瞬間變身成高級精緻點心。

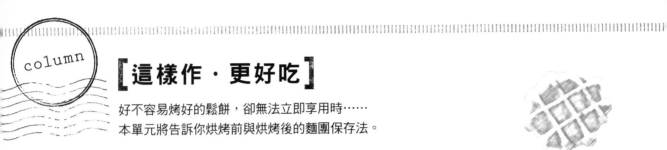

column

[這樣作‧更好吃]

好不容易烤好的鬆餅,卻無法立即享用時⋯⋯
本單元將告訴你烘烤前與烘烤後的麵團保存法。

食用時

鬆餅剛出爐時最好吃。
一般建議盡量當天享用,若要放進冰箱保存,兩天內
以烤箱重新加熱就可食用(但味道稍有落差)。若無
法馬上實用時,建議立即冷凍保存。

冷凍保存的祕訣

★出爐後的鬆餅以冷凍保存
讓麵團冷卻,一一以保鮮膜包妥,裝入保存袋,
送入冰箱冷凍(a)。

★發酵過的麵團以冷凍保存
尚未烘烤的麵團,以冰淇淋勺舀至烹調專用紙,
放入冷凍庫。
待完全結凍之後,裝入保存袋加以冷凍(b)。

解凍方法

★若是已烤好的鬆餅
在冷凍鬆餅上灑一點水,以鋁箔紙包覆約一半(c),
放入烤箱回烤。

★若是發酵過的麵團時
讓麵團放於室溫下回溫之後,以鬆餅機烘烤。

Part.2

米粉の格子鬆餅

在很久以前，日本就有被稱為鬆餅且頗受大家喜愛的製品。
作法是在柔軟麵團中夾了奶油的食物，是形狀獨特的圓餅。
這次我也試著以米粉製作了幾款鬆餅，
加入當中的奶油摻入了抹茶或櫻花，呈現日式風味。
此外，也為你介紹「義式薄餅式鬆餅」，
這是一款擁有米粉特殊酥脆與芳香的鬆餅，你一定要試試！

甘納豆の鬆餅

由淡淡的的甜味暖暖地療癒

材料（8片份）
米粉···110g
泡打粉···至少9g
鹽···1g
蛋···1個
砂糖···30g
米飴（蜂蜜）································1大匙
牛奶··90mℓ
無鹽奶油···30g
香草精···1滴
甘納豆···60g
菜子油···少許

| 預先準備 |

●將米粉、泡打粉、鹽低筋麵粉混合後過篩。
●將奶油以隔水加熱融化後，靜置降溫。

製作方法

❶ 將過篩低筋麵粉倒入鋼盆中，在中間製作一凹槽（a）。
❷ 取另一鋼盆，將蛋打入，再加入砂糖、米飴並充分攪拌。
❸ 將牛奶、已溶解的奶油、香草精加入並攪拌。
❹ 將步驟❸材料倒入步驟❶鋼盆的凹槽中（b）。以攪拌器由內向外輕慢地攪拌。
❺ 將甘納豆加入後（c）一起攪拌。
❻ 以刷子薄塗一層菜子油在已預熱的烤盤，再倒入麵糊烘烤（請留意麵糊容易黏在烤盤上），再依照鬆餅機說明書指示進行烘烤。

米粉 Riz Farine
（群馬製粉股份有限公司）

書中的米粉為Riz Farine。這是可100％代替麵粉（低筋麵粉）的細粉末上新粉（梗米粉），是目前最受好評的粉類。

memo

這一回烤成似金鍔燒（きんつば）的風格，也可烤成大大的鬆軟的四方形。如果將蔬菜摻入其中，也適合作為早餐。

巧克力・米粉鬆餅

濕潤味美，讓人會上癮的滋味&口感

材料（心形・3片份）

米粉	90g
可可粉	20g
泡打粉	9g
鹽	1g
蛋	1個
砂糖	40g
米飴（蜂蜜）	1大匙
牛奶	100㎖
無鹽奶油	30g
香草精	少許
卡士達醬（參照下述內容）	酌量
糖粉	酌量

| 預先準備 |

●將米粉、可可粉、泡打粉、鹽混合後過篩。
●將奶油以隔水加熱融化後，靜置降溫。

製作方法

❶將過篩低筋麵粉倒入鋼盆中，在中間製作一凹槽。
❷取另一鋼盆，將蛋打入再加入砂糖，持續攪拌至出現少許白色泡泡，加入米飴、牛奶、已溶解的奶油、香草精一起攪拌。
❸將步驟❷材料緩慢地倒入步驟❶鋼盆的凹槽中。以攪拌器由內向外輕慢地攪拌。
❹將麵糊倒入已預熱的烤盤中（約可蓋住烤盤圖案的分量），再依照鬆餅機說明書指示進行烘烤。
❺烤好後將鬆餅切成五等分，以兩片為一組夾入卡士達醬，最後薄撒一層糖粉即完成。

| 卡士達醬 |

材料（易製作的分量）

蛋黃	1½個份
細砂糖	30g
牛奶	100㎖
香草莢	⅛支
低筋麵粉	10g
蘭姆酒	½小匙
發酵奶油（無鹽奶油）	5g

製作方法

❶將蛋黃打入鋼盆中，倒入15g細砂糖，擦底方式攪拌至泛白。
❷加入一大匙牛奶（分量內），一邊撒上低筋麵粉一邊攪拌（請勿攪拌過度）
❸倒入剩下的牛奶、15g細砂糖、香草莢後加熱（a）。
❹至沸騰前熄火，將步驟❷材料分批加入並拌勻（b）。
❺將材料過濾後倒回鍋中，持續煮至濃稠狀（c）。加入蘭姆酒、發酵奶油，拌勻後倒入方形平盤，覆蓋保鮮膜靜置冷卻。

日式鬆餅（原味）

鬆軟濕潤·令人懷念的古早味

材料（15個份）

蛋‧‧‧‧‧‧‧‧‧‧‧‧‧‧‧‧‧‧‧‧‧‧‧‧‧‧‧‧‧‧‧‧‧‧‧‧‧2個
上白糖‧‧‧‧‧‧‧‧‧‧‧‧‧‧‧‧‧‧‧‧‧‧‧‧‧‧‧‧‧‧40g
蜂蜜‧‧‧‧‧‧‧‧‧‧‧‧‧‧‧‧‧‧‧‧‧‧‧‧‧‧‧‧‧‧‧2小匙
味醂‧‧‧‧‧‧‧‧‧‧‧‧‧‧‧‧‧‧‧‧‧‧‧‧‧‧‧‧‧‧‧1小匙
牛奶‧‧‧‧‧‧‧‧‧‧‧‧‧‧‧‧‧‧‧‧‧‧‧‧‧‧‧‧‧‧‧80㎖
米粉‧‧‧‧‧‧‧‧‧‧‧‧‧‧‧‧‧‧‧‧‧‧‧‧‧‧‧‧‧‧‧110g
泡打粉‧‧‧‧‧‧‧‧‧‧‧‧‧‧‧‧‧‧‧‧‧‧‧‧‧‧‧1/4小匙
栗子乾露煮‧‧‧‧‧‧‧‧‧‧‧‧‧‧‧‧‧‧‧‧‧‧‧8個
豆漿卡士達醬（參照下述內容）‧‧‧酌量

│ 預先準備 │

●將米粉、泡打粉、鹽混合後過篩。

製作方法

❶將蛋黃打散於鋼盆中，加入上白糖，擦底方式攪拌至泛白。（請勿打發過度）。

❷倒入蜂蜜、味醂、牛奶之後，倒入過篩的粉類一起攪拌。

❸以刷子薄塗一層沙拉油（分量外）在以充分加熱的鐵板上，倒入麵糊（a）。

❹一邊烤一邊調整火候，當表面小洞全都消失後以長筷翻面（b）。一開始逐片烘烤，待熟練後再逐次增加數量才不至失敗。

❺以濕抹布放於鐵板底下降溫，趁仍有餘溫時以包鮮膜包覆鬆餅。

❻將栗子乾露煮切末後，與豆漿卡士達醬一起拌勻。

❼將步驟❻材料夾入步驟❺鬆餅中即完成。

│ 豆漿卡士達醬 │

材料（15個份）

豆漿‧‧‧‧‧‧‧‧‧‧‧‧‧‧‧‧‧‧‧‧‧‧‧‧‧‧‧‧‧‧‧300㎖
楓糖漿‧‧‧‧‧‧‧‧‧‧‧‧‧‧‧‧‧‧‧‧‧‧‧‧‧‧‧‧‧20g
香草莢‧‧‧‧‧‧‧‧‧‧‧‧‧‧‧‧‧‧‧‧‧‧‧‧‧‧‧‧‧1/3支
蛋黃‧‧‧‧‧‧‧‧‧‧‧‧‧‧‧‧‧‧‧3個份（50g至60g）
砂糖‧‧‧‧‧‧‧‧‧‧‧‧‧‧‧‧‧‧‧‧‧‧‧‧‧‧‧‧‧‧‧50g
米粉‧‧‧‧‧‧‧‧‧‧‧‧‧‧‧‧‧‧‧‧‧‧‧‧‧‧‧‧‧‧‧10g
低筋麵粉‧‧‧‧‧‧‧‧‧‧‧‧‧‧‧‧‧‧‧‧‧‧‧‧‧‧15g
無鹽奶油‧‧‧‧‧‧‧‧‧‧‧‧‧‧‧‧‧‧‧‧‧‧‧‧‧15g

│ 預先準備 │

●將米粉、低筋麵粉混合後過篩。

製作方法

❶將豆漿、楓糖漿、香草莢放入鍋中，以小火加熱。

❷將蛋黃與砂糖倒入鋼盆中，以攪拌器持續攪拌至泛白後，加入已過篩粉類攪拌均勻。

❸待步驟❶材料沸騰後，將步驟❷材料分成2至3次倒入鍋中，攪拌後以濾網過濾。

❹倒回鍋中後改以大火，以橡皮刮刀持續攪拌。

❺當周圍凝結時，以攪拌器仔細攪拌，在急速變稀時熄火，加入奶油一起攪拌。

❻將步驟❺材料倒入方形平盤中，覆蓋保鮮膜靜置冷卻。

日式鬆餅（抹茶）

帶來和緩心情的抹茶風味

a

材料（15個份）
蛋…………………………………2個
上白糖……………………………40g
蜂蜜…………………………………2小匙
味醂…………………………………1小匙
牛奶………………………………80㎖
米粉………………………………110g
抹茶…………………………………1小匙
泡打粉……………………………1/2小匙
抹茶牛奶
豆漿卡士達醬（15個份）
┌ 抹茶…………………………1/2小匙
└ 熱水…………………………1小匙

| 預先準備 |

●將米粉、抹茶、泡打粉混合後過篩。

製作方法

❶將蛋打散於鋼盆中，加入上白糖，以攪拌器擦底攪拌至泛白。（請勿打發過度）
❷倒入蜂蜜、味醂、牛奶之後，倒入過篩的粉類一起攪拌。
❸使鐵板充分加熱後，請參閱P.43作法，逐片烘烤。
❹以濕抹布放於鐵板底下降溫，趁仍有餘溫時以包鮮膜包覆鬆餅。
❺以熱水沖泡抹茶備用（a）。
❻製作豆漿卡士達醬（作法請參閱P.43），與步驟❺材料混合後拌勻。
❼將步驟❻材料夾入步驟❹鬆餅中即完成。

日式鬆餅（櫻花）

緩緩蔓延開的櫻花香氣

a

材料（15個份）
日式鬆餅（原味）的材料
（請參閱P.43）

櫻花奶油
豆漿卡士達醬（15個份）
鹽漬櫻花……………………………3枚

製作方法

❶製作日式鬆餅（原味）麵糊（製作方法請參閱P.43）。
❷將鐵板充分加熱，請參閱P.43逐片烘烤。
❸以濕抹布放於鐵板底下降溫，趁仍有餘溫時以包鮮膜包覆鬆餅。
❹將鹽漬櫻花泡於水中去除鹹味（a），取下花瓣切末。
❺製作豆漿卡士達醬（作法請參閱P.43），與步驟❹材料混合後拌勻。
❻將步驟❺材料夾入步驟❸鬆餅中即完成。

醬油&米粉の鬆餅
（義式薄餅式）

鬆鬆脆脆，香氣襲人，是令人懷念的滋味！

材料（15片份）
無鹽奶油…………………………50g
砂糖………………………………40g
蛋白………………………………1個份
醬油…………………………… 1 小匙
米粉………………………………45g

| 預先準備 |

●米粉過篩。
●奶油放置室溫下軟化。

製作方法

❶將已融化奶油放入鋼盆中，以攪拌器攪拌。
❷慢慢加入砂糖，以攪拌器擦底攪拌至泛白（a）。
❸慢慢加入蛋白（b）後充分攪拌，盡量不讓油水分離。
❹加入醬油（c），充分攪拌。
❺加入過篩的米粉，以橡皮刮刀攪拌均勻。
❻以小冰淇淋勺（或兩支湯匙）將麵糊放入已已預熱的義式薄餅烤盤烘烤（d）中，再依照鬆餅機說明書指示進行烘烤。
❼烤好後，將鬆餅捲在圓形的模型或玻璃杯中成型，因為成品很軟，可製作成各種形狀。

memo

製作完的次日，將變軟的鬆餅放入烤箱重新加熱，再以手層層捲起，不用模型，也可以作成鬆餅捲。

白味噌＋芝麻の鬆餅
（義式薄餅式）

誘人的味噌香＋芝麻香

材料（15片份）

蛋	1個
黍砂糖	40g
米飴	1大匙
味醂	1大匙
白味噌	2小匙
無鹽奶油	50g
米粉	30g
低筋麵粉	40g
泡打粉	½小匙
白芝麻	1大匙
黑芝麻	1大匙

| 預先準備 |

●將米粉、低筋麵粉、泡打粉混合後過篩。
●黍砂糖過篩。
●將奶油以隔水加熱融化後，靜置降溫。

製作方法

❶ 將蛋打散於鋼盆中，加入已過篩的黍砂糖，以攪拌器充分攪拌。
❷ 加入米飴、味醂、白味噌，再倒入已溶解的奶油。
❸ 倒入已過篩粉類，以橡皮刮刀攪拌至光滑狀態。
❹ 加入白芝麻、黑芝麻攪拌均勻。
❺ 以小冰淇淋勺（或兩支湯匙），將麵糊放入已預熱的義式薄餅烤盤中，再依照鬆餅機說明書指示進行烘烤。
❻ 烤好之後，將鬆餅捲在圓形的模型或玻璃杯中成型。

楓糖鬆餅（義式薄餅式）

天然溫和的甜味令人難忘！

材料（15片份）
無鹽奶油······························50g
楓糖································30g
砂糖································10g
蛋白······························1個份
米粉································45g

| 預先準備 |

●奶油放在室溫下回溫。

製作方法

❶將回溫的奶油倒入鋼盆，以攪拌器打成奶油狀。

❷加入楓糖、砂糖，以攪拌器擦底攪拌至泛白。

❸慢慢加入蛋白充分攪拌，請勿讓油水分離。

❹將過篩米粉分批加入鋼盆中，以橡皮刮刀攪拌均勻。

❺以小冰淇淋勺（或兩支湯匙），將大約一滿匙（15 ㎖）麵糊，放入已預熱的義式薄餅烤盤中，再依照鬆餅機說明書指示進行烘烤。

❻烘烤之後，將鬆餅捲在圓形的模型或玻璃杯中成型。

column

【 也可以這樣製作喔！ 】

艾草麻糬鬆餅

外層酥脆・裡層柔軟・清爽味美

材料（正方形・2片份）
艾草麻糬‥‥‥‥‥‥‥‥‥‥‥‥‥‥6片

製作方法

❶ 將艾草麻糬薄切片後取六片，放入已預熱的烤盤烘
　 烤（a）中，再依照鬆餅機說明書指示進行烘烤。
　 烘烤至麻糬膨脹至撐滿烤盤，外層變得酥脆時就完
　 成了。

❷ 可直接吃，也可依喜好沾上砂糖醬油一起吃，淋上
　 黑蜜與黃豆粉，或搭配豆沙，也很美味！

memo　　　　　　　各種麻糬鬆餅

●糙米乳酪磯邊麻糬鬆餅
將糙米麻糬切成片狀，將乳酪夾入麻糬片中，放入烤盤
烘烤。烤好後沾上醬油，以海苔捲起來即可。

●豆餡麻糬鬆餅
先將4至6片日式涮涮鍋用的麻糬放入烤盤，抹上一層
薄薄的紅豆餡於麻糬上，再將4至6片麻糬重疊其上，
進行烘烤。

●麻糬鬆餅比薩
將糙米麻糬切成片狀，將比薩醬、青椒、火腿、乳酪夾
入兩片麻糬片中，進行烘烤。

Part.3
天然派の格子鬆餅

選用含有小麥胚芽的全穀粉、有機無添加的有機豆漿、

不含添加物的天然白神小玉酵母、富含食物纖維與礦物質的糙米雜糧……

堅持使用讓人放心且溫和養生的素材來製作鬆餅。

這些愈嚼愈能顯出質樸自然風味的鬆餅，請你一定要試試看，

特別推薦給初學者，只要輕輕鬆鬆就能作出好吃的甜點喔！

全穀粉鬆餅

愈嚼愈愛の天然美味

材料（圓形・3片份）

低筋麵粉⋯⋯⋯⋯⋯⋯⋯⋯⋯170g
全穀粉（高筋麵粉）⋯⋯⋯⋯⋯30g
泡打粉⋯⋯⋯⋯⋯⋯⋯⋯⋯⋯5g
楓糖⋯⋯⋯⋯⋯⋯⋯⋯⋯⋯⋯20g
鹽⋯⋯⋯⋯⋯⋯⋯⋯⋯⋯⋯1/2小匙
豆漿⋯⋯⋯⋯⋯⋯⋯⋯⋯⋯⋯200㎖
菜子油⋯⋯⋯⋯⋯⋯⋯⋯⋯⋯25㎖
楓糖漿⋯⋯⋯⋯⋯⋯⋯⋯⋯⋯1大匙
山藥（大和芋品種，磨泥）⋯⋯⋯25g

| 預先準備 |

● 將低筋麵粉、全穀粉、泡打粉、楓糖、鹽混合後
　過篩。

製作方法

❶ 將已過篩的麵粉放入鋼盆中，在中間製作一凹槽。

❷ 將豆漿、菜子油、楓糖漿、山藥泥放入另一鋼盆中，攪
　拌器拌勻。

❸ 將步驟❷材料倒入步驟❶鋼盆的凹槽中。以攪拌器由內
　向外輕慢地攪拌。

❹ 將麵糊倒入已預熱的烤盤中（約可蓋住烤盤圖案的分
　量），再依照鬆餅機說明書指示進行烘烤。

❺ 將烤好的鬆餅切成四等分，依喜好搭配糖漿或果醬一起
　食用。

柳橙&麥片の鬆餅

富含食物纖維,養生好選擇。

材料(心形·3片份)
低筋麵粉……………………………100g
泡打粉………………………………至少3g
鹽……………………………………1g
蛋……………………………………1個
甜菜糖………………………………35g
蜂蜜…………………………………1大匙
柳橙汁………………………………100ml
無鹽奶油……………………………25g
柳橙皮………………………………1個份
燕麥片………………………………½杯

| 預先準備 |

●將低筋麵粉、泡打粉、鹽混合後過篩。
●將奶油以隔水加熱融化後,靜置降溫。
●將柳橙表皮洗淨,將皮磨成碎屑。

製作方法

❶將已過篩的麵粉放入鋼盆中,在中間製作一凹槽。
❷將蛋打散於另一鋼盆中,加入甜菜糖、蜂蜜。
❸持續攪拌至無黏性且出現白色泡泡。
❹加入柳橙汁、已溶解的奶油、柳橙皮一起攪拌。
❺將步驟❹材料倒入步驟❶鋼盆的凹槽中。以攪拌器由內向外輕慢地攪拌後,再加入燕麥片,拌勻。
❻將麵糊倒入已預熱的烤盤中烘中(約可蓋住烤盤圖案的分量),再依照鬆餅機說明書指示進行烘烤。
❼將烤好的鬆餅切成五等分。

白神小玉酵母の焦糖蘋果鬆餅

天然酵母獨具的特殊美味

材料（12片份）
焦糖蘋果

┌ 蘋果（紅玉）··············1小顆
│ 細砂糖···················40g
│ 無鹽奶油·················30g
└ 肉桂粉···················少許
低筋麵粉·····················380g
白神小玉酵母·················6g
溫水·······················1大匙
蛋·························1個
蛋黃······················1個份
甜菜糖·····················1小匙
牛奶······················180ml
蜂蜜······················1大匙
無鹽奶油···················160g
鹽························8g
香草精·····················少許
楓糖（碎片）················150g
裝飾

┌ 鮮奶油···················200ml
│ 砂糖····················20g
└ 櫻桃酒··················1小匙
薄荷葉····················酌量

| 預先準備 |

●將低筋麵粉過篩。
●蛋放在室溫下回溫，牛奶稍微加熱至微溫。
●將奶油以隔水加熱融化後，靜置降溫。

製作方法

❶製作焦糖蘋果。將蘋果洗淨後切成7mm的方塊。
❷將細砂糖與奶油放入鍋中加熱，煮至變成淡焦糖色後，將步驟❶倒入拌煮（a）。
❸待蘋果稍微軟化後加入肉桂粉。取出放於平底盤上冷卻。
❹將已過篩低筋麵粉放入鋼盆，在中間製作一凹槽。
❺將白神小玉酵母倒入約30℃的溫水中，靜置一會兒（b）。
❻取另一個鋼盆，將蛋打散，加入甜菜糖，充分攪拌後加入牛奶、蜂蜜、溶解的奶油，攪拌均勻。
❼將步驟❺與❻材料倒入步驟❹的凹槽中，以攪拌器由內向外輕慢地攪拌。
❽攪拌至麵團呈光滑狀態，加入鹽與香草精攪拌。
❾攪拌完成之後，將楓糖與步驟❸蘋果倒入拌勻，覆蓋上保鮮膜，以30℃環境下發酵約60至80分鐘（可準備一碗熱水，與麵團同時放入收納容器中）。圖中為發酵至膨脹鬆軟狀態（c）。
❿將奶油以刷子薄抹在烤盤上（分量外），以冰淇淋勺（或稍大的湯匙）將麵團放入已預熱的烤盤中，再依照鬆餅機說明書指示進行烘烤。
⓫將鮮奶油、糖、櫻桃酒倒入鋼盆中，隔冰水打發至八分濃稠度。將烤好的步驟❿鬆餅取出放於盤中，以薄荷葉裝飾。

a

b

c

糙米鬆餅

糙米的芳香＆天然的甜味，讓人心曠神怡。
將咖哩粉、乳酪加入麵糊中也很好吃！

材料（心形・3片份）
低筋麵粉……………………………50g
米粉…………………………………50g
泡打粉………………………………²⁄₃小匙
鹽……………………………………1g
水……………………………………200㎖
黑芝麻………………………………2小匙
糙米飯（已煮熟）…………………6大匙
油菜花味噌湯………………………酌量

| 預先準備 |

●將低筋麵粉、米粉、泡打粉、鹽混合後過篩。
●將糙米以電鍋煮妥備用。

製作方法

❶將已過篩粉類倒入鋼盆，在中間製作一凹槽。
❷將水倒入凹槽中，以攪拌器由內向外輕慢地攪拌。
❸加入黑芝麻、煮熟的糙米，以橡皮刮刀拌勻。
❹將麵糊倒入已預熱的烤盤中（約可蓋住烤盤圖案的分量），再依照鬆餅機說明書指示進行烘烤。
❺將烤好的鬆餅分切成五等分，建議搭配味噌湯食用。

雜糧鬆餅

如仙貝般質樸＆健康の鬆餅

材料（心形・3片份）

低筋麵粉	50g
米粉	50g
泡打粉	1小匙
鹽	1g
豆漿	200ml
水	酌量
紫蘇粉	½小匙
芝麻	1大匙
綜合雜糧（已煮熟）	6大匙

| 預先準備 |

●將低筋麵粉、米粉、泡打粉、鹽混合後過篩。

已煮熟的雜糧

營養均衡的混合雜糧，口感嘎滋嘎滋，也可用於製作小菜或點心。

製作方法

❶煮雜糧。將雜糧與雙倍的水（分量外），放入厚質的鍋中加熱，煮開後轉小火，約煮10分鐘。

❷將已過篩粉類倒入鍋中，在中間製作一凹槽。

❸將豆漿分批倒入凹槽中並一邊攪拌，麵團即將變硬時，將水倒入混合。※若水多一些，將麵糊調製比天婦羅麵衣稍軟的狀態，會很好吃。

❹倒入步驟❶雜糧與紫蘇粉、芝麻，拌勻。

❺將麵糊倒入已預熱的烤盤中（約可蓋住烤盤圖案的分量），再依照鬆餅機説明書指示進行烘烤。

❻將烤好的鬆餅分切成五等分。

南瓜鬆餅

令人心情舒暢的溫和甜味，百吃不厭！

材料（心形・3片份）
低筋麵粉……………………………100g
泡打粉………………………………至少3g
鹽……………………………………1g
肉桂粉………………………………少許
蛋……………………………………1個
黍砂糖………………………………40g
蜂蜜…………………………………1大匙
豆漿…………………………………90㎖
無鹽奶油……………………………25g
南瓜泥………………………………2大匙

| 預先準備 |

● 將低筋麵粉與泡打粉、鹽、肉桂粉混合後過篩。
● 南瓜洗淨蒸軟，壓成泥狀。
● 將奶油以隔水加熱融化後，靜置降溫。

製作方法

❶ 將過篩粉類倒入鋼盆中，在中間挖一個凹槽。
❷ 將蛋打散於另一個鋼盆中，加入黍砂糖。
❸ 持續攪拌至產生少許白色泡泡時，加入蜂蜜、豆漿、溶解的奶油、南瓜泥，充分攪拌。
❹ 將步驟❸材料倒入步驟❶的凹槽中，以攪拌器由內向外輕慢地攪拌。
❺ 將麵糊倒入已預熱的烤盤中（約可蓋住烤盤圖案的分量），再依照鬆餅機說明書指示進行烘烤。
❻ 鬆餅烤好之後切成五等分。

蔬菜鬆餅

不愛吃蔬菜的你，也請務必挑戰一下！

memo

依個人喜好放入蔬菜，也可加入胡椒或香草植物、香料，也推薦製作成創意午餐。

材料（正方形·3片份）

綠花椰菜	50g
胡蘿蔔	20g
低筋麵粉	100g
泡打粉	至少3g
鹽	1g
蛋	1個
砂糖	30g
蜂蜜	1大匙
豆漿	100㎖
玉米粒（罐裝）	2大匙
乳酪（巧達（Cheddar）· 艾登（Edam）等乳酪絲）	30g

| 預先準備 |

●將低筋麵粉與泡打粉、鹽混合過篩。
●玉米瀝乾水分。
●將乳酪切碎。

製作方法

❶將綠花椰菜與胡蘿蔔洗淨去皮，煮熟後切碎。

❷將已過篩粉類倒入鋼盆，在中間挖一個凹槽。

❸將蛋打散於另一鋼盆，加入砂糖攪拌至無黏性且出現白色泡泡時，加入蜂蜜、豆漿一起攪拌。

❹將步驟❸材料倒入步驟❷的凹槽中，以攪拌器由內向外輕慢地攪拌，再加入步驟❶及玉米、乳酪絲。

❺將麵糊倒入已預熱的烤盤中（約可蓋住烤盤圖案的分量），再依照鬆餅機說明書指示進行烘烤。

豆腐渣低脂の鬆餅

可作為瘦身餐的點心喔！

材料（心形・3片份）

低筋麵粉	200g
泡打粉	5g
鹽	1g
豆漿	200mℓ
菜子油	25g
甜菜糖	40g
蜂蜜	1大匙
山藥（大和芋品種，打成泥狀）	25g
豆腐渣	4大匙

豆腐醬

絹豆腐	200g
楓糖漿	2大匙
鹽	少許
薄荷葉	酌量

| 預先準備 |

●將低筋麵粉、泡打粉、鹽混合後過篩。

豆腐渣

製作豆腐時的擠出豆漿後所剩下的碎渣。含有豐富食物纖維，也常用於製作餅乾或磅蛋糕，又稱豆渣、雪花菜。

製作方法

❶將過篩粉類倒入鋼盆中，在中間製作一凹槽。

❷取另一個鋼盆中放入豆漿、菜子油、甜菜糖、蜂蜜、山藥泥一起攪拌。

❸將步驟❷材料倒入步驟❶的凹槽中，以攪拌器由內而外輕緩地攪拌。

❹加入豆腐渣一起攪拌。

❺將麵糊倒入已預熱烤盤中（約可蓋住烤盤圖案的分量），再依照鬆餅機說明書指示進行烘烤。

❻製作豆腐醬。將豆腐、楓糖漿、鹽放入果汁機，攪打成奶油狀（a）。

❼將烤好的步驟❺鬆餅切成五等分，擺盤後淋上步驟❻豆腐醬，再以薄荷葉裝飾。

a

微酸の莓果鬆餅

莓果清爽的甜味 & 優格是最佳拍檔。

材料（4片份）

低筋麵粉	80g
全穀粉	20g
泡打粉	至少3g
鹽	1g
蛋	1個
甜菜糖	40g
蜂蜜	1大匙
原味優格	100㎖
水	2大匙
野莓果乾	60g

裝飾
優格醬

原味優格	500㎖
覆盆子・巴西利	各酌量

龍舌蘭糖漿
（天然代糖，楓糖漿或蜂蜜也可）…… 酌量

製作方法

❶ 將已過篩低筋麵粉倒入鋼盆，在中間製作一凹槽。

❷ 將蛋打散於另一鋼盆中，加入甜菜糖以攪拌器擦底攪拌，加入蜂蜜、原味優格、水一起攪拌。（因優格的濃稠度不同，若麵團結塊時，請斟酌加水攪拌）。

❸ 將步驟❷材料倒入步驟❶的凹槽中。以攪拌器由內向外輕慢地攪拌。

❹ 加入野莓果乾，繼續攪拌。

❺ 以冰淇淋勺（或稍大的湯匙）將麵團放入已預熱的烤盤中，再依照鬆餅機說明書指示進行烘烤。

❻ 將考好的步驟❺鬆餅取出放置於盤中，搭配瀝過水分的優格（優格醬）、覆盆子、巴西利，最後淋上龍舌蘭糖漿即完成。

| 預先準備 |

● 將低筋麵粉、全穀粉、泡打粉、鹽混合後過篩。

● 蛋放在室溫下回溫，牛奶稍微加熱至微溫。將裝飾材料中的原味優格，放入咖啡濾紙靜置一晚，瀝為半量。

布朗尼風の低卡鬆餅

不需奶油＆蛋・樸素又健康的滋味

材料（12片份）
A
┌ 低筋麵粉⋯⋯⋯⋯⋯⋯⋯⋯⋯⋯200g
│ 全穀粉⋯⋯⋯⋯⋯⋯⋯⋯⋯⋯⋯170g
│ 可可粉⋯⋯⋯⋯⋯⋯⋯⋯⋯⋯⋯30g
│ 泡打粉⋯⋯⋯⋯⋯⋯⋯⋯⋯⋯⋯10g
│ 甜菜糖⋯⋯⋯⋯⋯⋯⋯⋯⋯⋯⋯40g
│ 鹽⋯⋯⋯⋯⋯⋯⋯⋯⋯⋯⋯⋯⋯1小匙
│ 肉桂粉⋯⋯⋯⋯⋯⋯⋯⋯⋯⋯⋯少許
│ 小荳蔻⋯⋯⋯⋯⋯⋯⋯⋯⋯⋯⋯少許
└ 丁香⋯⋯⋯⋯⋯⋯⋯⋯⋯⋯⋯⋯少許
豆漿⋯⋯⋯⋯⋯⋯⋯⋯⋯⋯⋯⋯⋯400㎖
菜子油⋯⋯⋯⋯⋯⋯⋯⋯⋯⋯⋯⋯50㎖
楓糖漿⋯⋯⋯⋯⋯⋯⋯⋯⋯⋯⋯⋯2大匙
山藥（大和芋品種，打成泥狀）⋯50g
核桃⋯⋯⋯⋯⋯⋯⋯⋯⋯⋯⋯⋯⋯8顆
葡萄乾⋯⋯⋯⋯⋯⋯⋯⋯⋯⋯⋯⋯4大匙
糖漬柚皮⋯⋯⋯⋯⋯⋯⋯⋯⋯⋯⋯4大匙

| 預先準備 |

●將A料混合後過篩。

製作方法

❶將A料倒入鋼盆，在中間製作一凹槽。

❷將豆漿、菜子油、楓糖漿、山藥放入另一個鋼盆中攪拌均勻。

❸將步驟❷材料倒入步驟❶的凹槽中。以攪拌器由內向外輕慢地攪拌。

❹將核桃、葡萄乾、糖漬柚皮加入混合，動作要輕快。

❺以冰淇淋勺（或稍大的湯匙）將麵團放入已預熱的烤盤中，再依照鬆餅機説明書指示進行烘烤。

[也可以這樣製作喔！]

圓滾滾的鬆餅（楓糖）

如懷舊甜食般口感 の 迷你鬆餅

材料（16個份）

蛋	1個
楓糖	40g
鹽	一小撮
米粉	70g
低筋麵粉	30g
泡打粉	²⁄₃小匙
無鹽奶油	50g
楓糖漿	1大匙

| 預先準備 |

● 將米粉、低筋麵粉、泡打粉混合後過篩。
● 將奶油以隔水加熱融化後，靜置降溫。

[製作方法]

❶ 將蛋打散於鋼盆中，加入楓糖與鹽充分攪拌。
❷ 加入已過篩粉類一起拌勻。
❸ 加入已溶解的奶油與楓糖漿拌勻。
❹ 將麵團以手搓成圓形之後，將8個麵團放入已預熱的烤盤中，烤成小型鬆餅。請依照鬆餅機説明書指示進行烘烤。

memo

還可將列日或米粉鬆餅作成小型鬆餅，撒上肉桂糖或黃豆粉也很好吃。以可愛的包裝紙包起來，還能當成禮物贈送親友。

Part.4

飽足系格子鬆餅

鬆餅不一定要作甜的口味喔！
最近在早餐或午餐時，
以剛出爐的鬆餅代替麵包的人漸漸多了。
建議外食族群，為顧及營養的均衡，
也可在鬆餅中加入火腿或培根、蔬菜或豆類、蛋或乳酪一起食用。
本單元中，將會介紹蔬菜鬆餅與配菜的作法喔！

美式鬆餅・培根太陽蛋

讓人迫不及待！早餐＆早午餐都推薦！

材料（圓形・3片份）

低筋麵粉……………………………100g
泡打粉………………………………至少3g
鹽……………………………………1g
蛋……………………………………1個
砂糖…………………………………1大匙
牛奶…………………………………100㎖
無鹽奶油……………………………25g
香草精………………………………少許
裝飾
沙拉油………………………………酌量
培根…………………………………6片
蛋……………………………………3個
鹽・胡椒粉…………………………各酌量
奶油…………………………………酌量
巴西利………………………………酌量

※茹素者請將葷料改為素料。

| 預先準備 |

●將低筋麵粉、泡打粉、鹽混合後過篩。
●將奶油以隔水加熱融化後，靜置降溫。

製作方法

❶將已過篩粉類倒入鋼盆，在中間製作一凹槽。

❷將蛋打散在另一鋼盆，加入砂糖充分攪拌，倒入牛奶、已溶解的奶油、香草精再一起攪拌。

❸將步驟❷材料倒入步驟❶的凹槽中。以攪拌器由內向外輕慢地攪拌。

❹將麵糊倒入已預熱的烤盤中（約可蓋住烤盤圖案的分量），再依照鬆餅機說明書指示進行烘烤。

❺製作酥脆培根。將沙拉油倒入平底鍋加熱，培根放入鍋內，以小火慢煎。待油脂溶解後，以廚房紙巾拭去多餘油脂，將培根煎至酥脆。

❻製作太陽蛋，先將沙拉油倒入平底鍋加熱，將蛋輕緩地打入鍋中，倒入熱水（分量外），蓋上鍋蓋煎烤後盛出，撒上鹽、胡椒。

❼在盤中擺上烤好的步驟❹鬆餅，放上奶油。最後以❺培根及❻巴西利裝飾。

memo

從很久以前就相當喜歡美國的IHOP。小時候父母的身邊不乏美國友人，所以自小就得以品嚐到美式食物。酥脆的培根是家常料理，但也有人覺得難以製作得好吃。在鍋中塗上一點油，一邊拭去多餘的油脂，一邊以小火慢煎，這就是好吃的祕訣喔！

乳酪鬆餅

作為早餐＆午餐很適合！

材料（3片份）

乳酪（巧達、康堤etc.）…………30g
低筋麵粉……………………………100g
泡打粉…………………………………3g
鹽………………………………………1g
蛋……………………………………1個
砂糖………………………………1大匙
牛奶………………………………100㎖
乳酪粉（帕瑪森乳酪）…………2大匙
無鹽奶油……………………………25g
胡椒粉………………………………少許

| 預先準備 |

● 將低筋麵粉、泡打粉、鹽混合過篩。
● 將奶油以隔水加熱融化後，靜置降溫。

製作方法

❶ 將乳酪切成6mm的小方塊。

❷ 將已過篩粉類倒入鋼盆，在中間製作一凹槽。

❸ 在另一鋼盆中將蛋打散，加入砂糖後持續攪拌至無黏性、產生少許白色泡泡時，將牛奶、乳酪粉、已溶解的奶油、胡椒粉倒入，拌勻。

❹ 將步驟❸材料倒入步驟❷的凹槽中，由內向外輕慢地攪拌，再加入步驟❶乳酪。

❺ 以冰淇淋勺（或稍大的湯匙）將麵團放入已預熱的烤盤中，再依照鬆餅機說明書指示進行烘烤。

橄欖番茄鬆餅

番茄的清爽微酸味，讓人上癮！

| 預先準備 |

●將低筋麵粉、泡打粉、糖、鹽混合過篩。
●將奶油以隔水加熱融化後，靜置降溫。

材料（心形・3片份）
低筋麵粉……………………………100g
泡打粉…………………………………3g
砂糖……………………………………2小匙
鹽………………………………………1g
蛋………………………………………1個
番茄罐頭（壓成泥狀）…………100至150g
乾燥羅勒碎末……………………………酌量
無鹽奶油……………………………25g
橄欖（切碎）…………………………8顆
裝飾用羅勒葉……………………………酌量

製作方法

❶將已過篩粉類倒入鋼盆，在中間製作一凹槽。
❷將蛋打散於另一鋼盆中，稍微打發之後，加入番茄泥、乾燥羅勒碎末一起攪拌。
❸加入已溶化的奶油攪拌均勻。
❹將步驟❸材料倒入步驟❶的凹槽中，以攪拌器由內向外輕慢地攪拌，再加入切碎的橄欖。
❺將麵糊倒入已預熱的烤盤中（約可蓋住烤盤圖案的分量），再依照鬆餅機說明書指示進行烘烤。
❻將烤好的鬆餅切成五等分放於盤中，以羅勒葉裝飾。

memo

因市面上番茄罐頭的含水量皆不同，製作時請視麵糊硬度（調整至容易倒入烤盤的黏稠度），斟酌的調整加入番茄泥的分量。

美式鬆餅・火腿乳酪

乳酪的香味&金黃烤色讓人食指大動！

材料（正方形・3片份）
低筋麵粉······················100g
泡打粉·····················至少3g
鹽···························1g
蛋···························1個
砂糖·························15g
蜂蜜·························1大匙
牛奶·························100㎖
無鹽奶油·····················25g
火腿·························3片
乳酪（絲狀）··················酌量
胡椒粉·······················少許
巴西利·······················少許

※茹素者請將葷料改為素料。

製作方法

❶請參閱美式鬆餅作法（P.16至17）製作美式餅麵糊，於步驟❻時再加入切成小方塊的火腿。

❷將麵糊倒入已預熱的烤盤中（約可蓋住烤盤圖案的分量），再依照鬆餅機說明書指示進行烘烤。

❸將乳酪放在烤好的鬆餅上，以烤箱加熱至乳酪溶解，最後撒上胡椒粉。

❹取出盛於盤上，以巴西利點綴。

金平米粉の鬆餅

鬆軟＆濕潤，100%米粉特有的Q彈口感！

材料（心形・3片份）

米粉	100g
泡打粉	9g
蛋	1個
砂糖	30g
鹽	1g
豆漿	100㎖
金平牛蒡	60g
炒芝麻（白）	2大匙

| 預先準備 |

●米粉、泡打粉混合後過篩。
●製作金平牛蒡，切碎。

※「金平」是日式烹調的一種方法，以醬油、味醂、料理酒和糖等燉煮根莖類的蔬菜。

製作方法

❶將已過篩粉類倒入鋼盆，在中間製作一凹槽。
❷在另一鋼盆中將蛋打散，加入砂糖、鹽。
❸持續攪拌至無黏性、產生少許白色泡泡時，加入豆漿一起攪拌。
❹將步驟❸材料加入步驟❶的凹槽中，以攪拌器由內向外輕慢地攪拌。
❺加入切碎的金平牛蒡與芝麻一起攪拌，動作要輕快。
❻將麵糊倒入已預熱的烤盤中（約可蓋住烤盤圖案的分量），再依照鬆餅機說明書指示進行烘烤。
❼將烤好的鬆餅切成五等分。

米粉 & 大麻籽 の 鬆餅三明治

讓你元氣滿滿的歐洲大麻籽，享受嘎滋嘎滋的口感！

材料（正方形・3片份）

米粉……………………………110g
※（歐洲）大麻籽粉…………1又¼大匙
泡打粉…………………………9g
甜菜糖…………………………1大匙
鹽………………………………1g
蛋………………………………1個
豆漿……………………………120㎖
菜子油…………………………35㎖
※（歐洲）大麻籽………………2大匙
裝飾
┌ 蛋………………………………3個
│ 日式美乃滋……………………4大匙
│ 黃芥茉醬………………………2小匙
│ 昆布茶…………………………少許
└ 鹽、胡椒粉……………………各酌量
葉菜類蔬菜
（萵苣、蘿蔓等）………………酌量
小番茄…………………………酌量

| 預先準備 |

●將米粉、歐洲大麻粉、泡打粉混合後過篩。

製作方法

❶將已過篩粉類倒入鋼盆，在中間製作一凹槽。
❷將蛋打散於鋼盆中，加入甜菜糖後以攪拌器擦底攪拌，倒入豆漿、菜子油攪拌。
❸將步驟❷材料倒入步驟❶的凹槽中，以攪拌器由內向外輕慢地攪拌，加入歐洲大麻籽攪拌。
❹以冰淇淋勺（或稍大的湯匙）將麵團放入已預熱的烤盤中，再依照鬆餅機說明書指示進行烘烤。
❺蛋以水煮熟之後壓成泥，加入日式美乃滋、黃芥末醬、昆布茶、鹽、胡椒攪拌。
❻將烤好的步驟❹鬆餅切半放於盤中鋪上蔬菜，將步驟❺材料放於蔬菜上，以小番茄點綴。

大麻粉

大麻籽

memo

※大麻粉 & 大麻籽（大麻的果實）
由來已久的歐洲大麻料理，其養生功效在歐美已備受矚目。這回採用歐洲大麻粉 & 大麻籽製作，若當難以取得材料時，也可使用蕎麥與蕎麥籽，或杏仁粉與杏仁角的組合，製作出好吃的點心。

法式宴會小點・蕎麥鬆餅

派對必備精緻 & 爽口の菜單

材料（圓形・3片份）

低筋麵粉……………………50g
蕎麥粉………………………50g
泡打粉………………………3g
鹽……………………………1g
蛋……………………………1個
※龍舌蘭糖漿（蜂蜜）………15㎖
豆漿…………………………110㎖
菜子油………………………25㎖
裝飾
煙燻鮭魚……………………18片
蒔蘿…………………………酌量
鮭魚卵………………………酌量
洋蔥…………………………½個
茴香葉………………………酌量
酸奶…………………………50g

※茹素者請將葷料改為素料。

| 預先準備 |

●將低筋麵粉、蕎麥粉、泡打粉、鹽混合後過篩。

製作方法

❶ 將已過篩粉類倒入鋼盆，在中間製作一凹槽。
❷ 將蛋打散於另一鋼盆中，加入龍舌蘭糖漿。
❸ 持續攪拌至無黏性，產生少許白色泡泡時，加入豆漿與菜子油攪拌。
❹ 將步驟❸材料加入步驟❶的凹槽中，以攪拌器由內向外輕慢地攪拌。
❺ 將麵糊倒入已預熱的烤盤中（約可蓋住烤盤圖案的分量），再依照鬆餅機說明書指示進行烘烤。
❻ 將烤好的鬆餅切成八等分。
❼ 將煙燻鮭魚反摺夾入切碎的蒔蘿，擺於鬆餅上。
❽ 以鮭魚卵、洋蔥片、茴香葉裝飾其上，再搭配酸奶食用。

龍舌蘭糖漿

memo

※龍舌蘭糖漿
是一種高級天然甘味料，以有機培育的龍舌蘭蜜水（糖漿／龍舌蘭萃取物）為原料製作而成。食用原味的蕎麥鬆餅時，推薦使用較楓糖或蜂蜜味道溫和的龍舌蘭糖漿。

豆子鬆餅&豆子湯

盡情品嘗豆類的營養與美味

材料（正方形・3片份）

薄力粉……………………………100g
泡打粉……………………………3g
鹽…………………………………1g
蛋…………………………………1個
豆漿………………………………100㎖
甜菜糖……………………………30g
菜子油……………………………25㎖
毛豆（煮過切碎）………………3大匙

豆子湯

┌鷹嘴豆……………………………250g
│洋蔥………………………………2個
│胡蘿蔔……………………………1根
│白葡萄酒（或日本酒）…………3大匙
│水…………………………………1ℓ
│月桂葉……………………………1片
│百里香……………………………少許
│清湯味素…………………………1小匙
│培根………………………………1片
│鹽、胡椒粉………………………各酌量
└巴西利（切碎）…………………少許

※茹素者請將葷料改為素料。

| 預先準備 |

●將低筋麵粉、泡打粉、鹽混合後過篩。
●毛豆以鹽水煮過，從豆莢中取出豆子，
　切碎備用。
●將洋蔥、胡蘿蔔、培根切小丁塊狀。

a

製作方法

❶將已過篩粉類倒入鋼盆，在中間製作一凹槽。

❷將豆漿、甜菜糖、菜子油放入另一鋼盆中，充分攪拌。

❸將步驟❷材料倒入步驟❶的凹槽中，以攪拌器由內向外輕慢地攪拌，加入毛豆攪拌均勻。

❹將麵糊倒入已預熱的烤盤中（約可蓋住烤盤圖案的分量），再依照鬆餅機說明書指示進行烘烤。

❺製作豆子湯。將鷹嘴豆浸泡一晚（a）後，以小火煮至變軟。

❻將沙拉油（分量外）倒入鍋中加熱，倒入洋蔥以小火拌炒。

❼再倒入胡蘿蔔拌炒，加入白葡萄酒，讓酒精揮發。

❽加入水、鷹嘴豆、月桂葉、百里香、清湯味素一起熬煮。

❾加入培根，待胡蘿蔔煮熟，以鹽與胡椒調味，撒上切碎的巴西利即完成。

memo

去北歐旅行時，曾經聽友人說，瑞典的星期四向來有喝豆子湯搭配磅蛋糕的習慣，真是可愛的風俗習慣！在正宗吃法中，吃的是磅蛋糕、黃色豌豆與豬肉的湯品，我試著作成適合日本人的清爽湯品，並以毛豆鬆餅代替了磅蛋糕。

[也可以這樣製作喔！]

布魯塞爾・法蘭酥鬆餅

充滿奶油香氣的清爽口感，一定要試試剛出爐的熱呼呼鬆餅！

材料（8片份）

牛奶	150㎖
水	70㎖
鹽	兩小撮
發酵奶油	60g
蛋黃	2個份
低筋麵粉	200g
乾酵母粉	8g
溫水	2大匙
┌蛋白	2個份
└砂糖	1大匙
香草精	少許

裝飾用

麝香葡萄・蛋白・細砂糖	各酌量
糖粉	酌量

預先準備

● 將低筋麵粉過篩。
● 將乾酵母粉以溫水溶解。

製作方法

❶ 牛奶、水、鹽放入鍋中，小火加熱至微溫，備用。
❷ 將奶油放入另一個鍋中，以小火溶解，熄火後移至鋼盆，加入蛋黃後充分攪拌。

❸ 將步驟❶加入後再充分攪拌，倒入已過篩低筋麵粉，以橡皮刮刀攪拌，動作要迅速。
❹ 讓麵糊降至微溫，加入乾酵母粉，於30℃環境下發酵約40至60分鐘，讓麵糊發酵至略為膨脹的狀態。
❺ 將蛋白倒入鋼盆，隔冰水打發至八分濃稠度後，加入砂糖作成蛋白霜，與步驟❹的已發酵麵糊混合，加入香草精。
❻ 以冰淇淋勺（或稍大的湯匙）將麵糊放入已預熱的烤盤中，再依照鬆餅機說明書指示進行烘烤。
❼ 將裝飾材料中的葡萄沾取蛋白液後，再黏附上細砂糖。
❽ 將烤好的步驟❻鬆餅放於盤中，撒上糖粉，再以步驟❼裝飾。

memo

自《larousse》（法國點心書）所刊載的布魯塞爾・法蘭酥擷取的靈感。剛出爐的鬆餅，鬆軟、熱呼呼就像鬆餅攤賣的一樣酥脆鬆軟，但就算冷了也好吃。

Part.5
世界的格子鬆餅

據說鬆餅發源自紀元前的希臘時代,歷史非常久遠。

而後流傳至歐洲各地,及美國和亞洲。

雖然各地都稱為鬆餅,但是在各國分別有其不同特色。

我試著將在海外旅行時,從各國的市場或小攤、旅館或餐廳的早點中,

所品嚐到的鬆餅美味再次重現,

請你也一定要試試看喔!

挪威・鬆餅

NORWAY WAFFLE

充滿濃郁香料風味的鬆餅，與乳酪非常契合。

材料（正方形・3片份）

低筋麵粉……………………………100g
泡打粉………………………………3g
小荳蔻……………………………1小匙
鹽……………………………………2g
蛋……………………………………1個
砂糖…………………………………40g
蜂蜜………………………………1大匙
原味優格…………………………90㎖
牛奶……………………………10至30㎖
無鹽奶油……………………………25g
裝飾
蘋果醬……………………………酌量
挪威山羊奶乳酪……………………酌量

| 預先準備 |

●將低筋麵粉、泡打粉、小荳蔻、鹽混合後過篩。
●將奶油以隔水加熱融化後，靜置降溫。

製作方法

❶將已過篩粉類倒入鋼盆，在中間製作一凹槽。
❷將蛋打散於另一鋼盆中，放入砂糖，攪拌至出現白
　色泡泡後加入蜂蜜、原味優格、牛奶、已溶解的奶
　油一起攪拌。
　※因各家廠牌的優格的含水量不同，請以牛奶將麵糊調整至
　　容易倒入烤盤的黏稠度。
❸將步驟❷材料倒入步驟❶鋼盆的凹槽中，以攪拌器
　由內向外輕慢地攪拌。
❹將麵糊倒入已預熱的烤盤中（約可蓋住烤盤圖案的
　分量），再依照鬆餅機說明書指示進行烘烤。
❺依喜好搭配蘋果醬、挪威山羊乳酪一起享用。

山羊乳酪

挪威富有盛名如焦糖般甘甜的乳酪。

memo

北歐薄煎餅的特色，是以小荳蔻調味，並製作成心
形，再將蘋果醬淋在切片乳酪上一起食用，與小荳
蔻的香氣十分搭味。這次使用的是四方形烤盤，如
果可以，請你也試試心形烤盤。

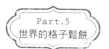

義大利・法蘭酥（義式薄餅）
PIZZELLE

細細品嚐剛出爐的香脆美味。

材料（15枚分）
蛋⋯⋯⋯⋯⋯⋯⋯⋯⋯⋯⋯⋯⋯⋯1個
黍砂糖⋯⋯⋯⋯⋯⋯⋯⋯⋯⋯⋯⋯40g
鹽⋯⋯⋯⋯⋯⋯⋯⋯⋯⋯⋯⋯⋯⋯少許
無鹽奶油⋯⋯⋯⋯⋯⋯⋯⋯⋯⋯⋯50g
低筋麵粉⋯⋯⋯⋯⋯⋯⋯⋯⋯⋯⋯70g
泡打粉⋯⋯⋯⋯⋯⋯⋯⋯⋯⋯⋯$\frac{1}{2}$小匙

| 預先準備 |

●將低筋麵粉、泡打粉混合後過篩。
●將奶油以隔水加熱融化後，靜置降溫。

製作方法

❶ 將蛋打散於鋼盆中，加入黍砂糖與蜂蜜充分攪拌。
❷ 加入已溶解的奶油拌勻，倒入已過篩的粉類，以橡皮刮刀拌勻。
❸ 以小冰淇淋勺（或兩支湯匙），將大約1大匙的麵團，放入已預熱的義式薄餅烤盤中（a），再依照鬆餅機說明書指示進行烘烤。
❹ 烤好之後，趁熱以模型或玻璃杯成型（b）。

memo

世界知名的義式薄餅，即是被作為Gelato（義式冰淇淋）的甜筒。義式薄餅原是小形比薩的意思，是將麵團夾入傳自義大利中部的烙鐵鑄器中，以壁爐烘烤製成的。據說當時也會將家徽或村莊標誌加工成浮雕化。隨著時光推移，逐漸被使用於喜慶儀式中，在每年三月的蛇祭典當中不可欠缺之外，也經常用於聖誕節或復活節、婚禮的場合。義大利人會在義式薄餅的麵團中加入大茴香油與大茴香籽，其風味特殊，建議你可嘗試看看。

越南・法蘭酥

Banh Que

香草&椰子的香味，讓人無法抗拒！

材料(6至8片份)

蛋……………………………2個
砂糖…………………………100g
鹽……………………………少許
白玉粉………………………150g
椰奶…………………………100至120㎖
香草精………………………少許

| 預先準備 |

●椰奶置於室溫下回溫。

製作方法

❶將蛋打散在鋼盆中，加入砂糖、鹽一起拌勻。

❷將白玉粉放入另一鋼盆，慢慢倒入椰奶一起拌勻（a）。

❸將步驟❶材料慢慢地倒入步驟❷鋼盆中，加入香草精。若有結塊時以濾網濾去。

❹將法蘭酥烤盤充分加熱，將烤盤兩側都抹上一層薄薄的沙拉油（分量外）。

❺以湯勺將步驟❸麵糊慢慢地倒入烤盤中（b）。

❻蓋上烤盤，以小火烘烤約2分鐘，翻面後，另一面也烘烤約2分鐘。

❼趁熱將鬆餅自烤盤中取出，置於網架上冷卻，再切成心形。

memo

越南街上販售著散發著甜甜香草香味的法蘭酥。
以炭火爐烘烤的酥脆口感，讓人難以抗拒。
好吃的祕密是使用米粉製作。

荷蘭・楓糖煎餅

STROOP WAFEL

微苦的焦糖奶油，一試成癮的美味。

材料（13枚分）

低筋麵粉	60g
高筋麵粉	50g
肉桂粉	1/4小匙
蛋	36g
甜菜糖	30g
蜂蜜	3大匙
乾酵母粉	4g
熱水（35℃）	2小匙
無鹽奶油	65g
鹽	1g
香草精	少許

焦糖風奶油

黑蜜（黑糖煮成的濃液）	100g
米飴（水飴）	2大匙
無鹽奶油	50g
鹽	少許

預先準備

● 將低筋麵粉、高筋麵粉、肉桂粉混合後過篩。
● 將乾酵母粉以溫水溶解。
● 蛋放在室溫下回溫。
● 將奶油以隔水加熱融化後，靜置降溫。

製作方法

❶ 將已過篩粉類倒入鋼盆，在中間製作一凹槽。
❷ 將蛋打散於另一鋼盆中，加入甜菜糖與蜂蜜充分攪拌。
❸ 將乾酵母粉以溫水溶解，倒入步驟❷中一起拌勻，加入溶解的奶油、鹽、香草精。
❹ 將步驟❸材料倒入步驟❶的凹槽中，以攪拌器由內向外輕慢地拌勻。
❺ 攪拌完成後以保鮮膜覆蓋，將麵團置於室溫約20℃環境下，發酵約12小時（建議前一晚備料）。
❻ 麵團發酵至約2倍大即發酵完成（a）。
❼ 將麵團分割為每個重22g的麵團，搓成圓形。
❽ 將麵團放入已預熱的義式薄餅烤盤中，再請依照鬆餅機說明書指示進行烘烤。
❾ 烤好之後，趁熱以麵包刀對半切成厚片（b）。
❿ 製作焦糖風奶油。在鍋中放入黑蜜與米飴，以小火熬煮，加入奶油和鹽，持續煮至濃稠狀。
⓫ 將步驟❿奶油夾入步驟❾烤好的煎餅中。

a

b

memo

荷式鬆餅發源於荷蘭豪達市（Gouda），是一種當地很受歡迎的點心。我在荷蘭市場旁的小攤子買了剛出爐荷式鬆餅，一邊散步一邊盡情品嚐，一邊看得入神，一邊驚嘆於對切麵團的技術。之後在法國得知鬆餅的製作方法，才知道是經過時間發酵才會有的美味，就更加讓人佩服了。如果想品嚐正宗美味，建議使用在法國北使用的甜菜糖Vergeoise Brune。在傳統作法中，是以玉米糖漿來製作夾餡奶油，因取得不易，書中是選用黑蜜製作。

維也納・鬆餅
WIENER WAFFELN
以糖衣繪製細膩的格子圖案

材料（24個份）
杏仁糖膏（市售）……………………100g
杏仁粉…………………………………25g
無鹽奶油………………………………125g
牛奶……………………………………25ml
香草精…………………………………少許
低筋麵粉………………………………180g
糖衣（易製作的分量）
┌糖粉…………………………………50g
└蛋白………………………………5ml至10ml
杏桃醬…………………………………4大匙
糖粉……………………………………酌量

| 預先準備 |

●將低筋麵粉過篩備用。
●奶油放在室溫下回溫。
●將烤箱預熱至170℃。

製作方法

❶將杏仁糖膏、杏仁粉放入鋼盆，慢慢倒入奶油。一開始以手輕拌，待變軟之後，以攪拌器攪拌。

❷倒入牛奶、香草精，拌勻。

❸加入已過篩低筋麵粉，以橡皮刮刀拌勻，覆蓋上保鮮膜鬆弛約1小時。

❹將麵團切成兩半，分別擀成厚4mm後分切為八等分。

❺將4片麵團放於烤盤上，以叉子輕輕地戳洞。

❻放入已預熱至170℃烤箱中烘烤，約20分鐘。

❼製作糖衣。將糖粉放入小鋼盆，加入蛋白，充分攪拌（a）。

❽持續攪拌至舀起糖衣時會緩緩地滴下，滴入盆內後再逐漸地消失（b）。裝入擠花袋（請參閱P.33）中。

❾將剩下4片麵團放於烤盤上，以步驟❽糖衣繪製格子圖案於麵團表面（c）。

❿將麵團放入已預熱至170℃烤箱中烘烤，烘烤5分鐘後，調至160℃烘烤約10分鐘。

⓫在烤好的步驟❻鬆餅上塗抹杏桃醬，再與步驟❿烤好的鬆餅重疊。

⓬以鋸齒刀切成小方塊，撒上糖粉。

memo

據說維也納人與鄰近的德國人非常喜歡鬆餅，在聖誕的市集中必定會出現鬆餅攤。充滿濃濃香料味的鬆餅搭配酸櫻桃醬汁，十分美味。

法式・開心果
法蘭酥
French gaufre

以鬆軟麵團製作外酥＆內層濕潤的滋味

材料（正方形・3片份）
開心果泥……………………30g
牛奶…………………………240mℓ
┌蛋（蛋1個＋蛋黃2個份）………90g
└砂糖…………………………2大匙
鮮奶油………………………40mℓ
蜂蜜…………………………2大匙
鹽……………………………5g
香草精………………………少許
低筋麵粉……………………200g
無鹽奶油……………………80g
┌蛋白…………………………2個份
└砂糖…………………………4大匙
巧克力奶油
┌蛋黃…………………………3個份
│砂糖…………………………60g
│牛奶…………………………125mℓ
│鮮奶油………………………125mℓ
└純苦巧克力…………………85g
薄荷葉………………………酌量

| 預先準備 |

●低筋麵粉過篩。
●將奶油以隔水加熱融化後，靜置降溫。
●蛋白放入冰箱冷藏備用。
●將巧克力切碎。

製作方法

❶將開心果泥倒入鋼盆中，慢慢加入牛奶稀釋。
❷將蛋打散於另一鋼盆中，倒入砂糖（2大匙）後以攪拌器擦底攪拌至泛白，加入步驟❶的牛奶，鮮奶油、蜂蜜、鹽、香草精一起攪拌混合。
❸加入已過篩低筋麵粉，以橡皮刮刀攪拌。
❹倒入已溶解的奶油一起攪拌。
❺將蛋白放入另一鋼盆中，打發至八分濃稠度後加入砂糖（4大匙），持續打發至呈現立角狀（a）。

❻將步驟❺的⅓分量倒入步驟❹中，以攪拌器攪拌。再將剩下的部分倒入後，以橡皮刮刀翻拌，動作要輕快，盡量避免壓破氣泡（b）。
❼將麵糊倒入已預熱的烤盤中（約可蓋住烤盤圖案的分量），再依照鬆餅機說明書指示進行烘烤。
❽製作巧克力奶油。將蛋黃與糖放入鋼盆，以攪拌器攪拌，慢慢加入溫熱的牛奶與鮮奶油，製作卡士達醬（請參閱P.41）的熬煮方法。
❾將切碎的純苦巧克力放入鋼盆中，加入步驟❽卡士達醬混合後放入冰箱冷藏兩個小時以上，冷卻。
❿將烤好的步驟❼鬆餅斜切後置於盤中，搭配步驟❾奶油，再以薄荷葉裝飾。

memo

在法國的旅館及商店所品嘗到的法蘭酥，多半將蛋黃與蛋白分開打發的方式製作。書中使用此方法製作法蘭酥，以呈現法式風格。在比利時，也有許多家庭或店家採用此手法製作布魯塞爾鬆餅。除此之外，打發攪拌全蛋的手法（打發全蛋、分別打發蛋黃與蛋白、添加酵母等三種作法。

馬斯卡邦乳酪の鬆餅三明治

濃濃乳酪味 & 酸甜的水果，真是最佳組合！

材料（圓形・2片份）
法式（分別打發法）鬆餅

蛋（蛋1個＋蛋黃2個份）	90g
砂糖	2大匙
牛奶	240㎖
鮮奶油	40㎖
蜂蜜	2大匙
鹽	5g
香草精	少許
低筋麵粉	200g
無鹽奶油	80g
蛋白	2個份
砂糖	4大匙

乳酪醬

馬斯卡邦乳酪	250g
砂糖	3大匙
檸檬汁	2小匙
罐裝鳳梨（圓片）	2片
奇異果	½個
糖粉	酌量
薄荷葉	酌量

| 預先準備 |

●低筋麵粉過篩。
●將奶油以隔水加熱融化後，靜置降溫。
●蛋白放入冰箱冷藏備用。

製作方法

❶ 將蛋打散於鋼盆中，加入砂糖後以攪拌器擦底攪拌至泛白，加入牛奶、鮮奶油、蜂蜜、鹽、香草精攪拌均勻。

❷ 倒入過篩的低筋麵粉，以橡皮刮刀攪拌，加入已溶解的奶油拌勻。

❸ 將蛋白放入另一鋼盆中，打發至八分濃稠度後加入砂糖（4大匙），持續打發至呈現立角狀。

❹ 將步驟❸的⅓分量加入步驟❷中，以攪拌器攪拌。再將剩下的部分倒入後，以橡皮刮刀翻拌，動作要輕快，盡量避免壓破氣泡。

❺ 將麵糊倒入已預熱的烤盤中（約可蓋住烤盤圖案的分量），再依照鬆餅機說明書指示進行烘烤。

❻ 將馬斯卡邦乳酪放入鋼盆，加入砂糖（3大匙）與檸檬汁充分攪拌，加入切成小方塊的鳳梨（並預留裝飾分量）、奇異果一起混合。

❼ 將步驟❻的乳酪醬夾入步驟❺烤好的鬆餅中，切成八等分。放於盤上，撒上糖粉，再以鳳梨與薄荷葉點綴。

草莓鬆餅捲

將草莓＆奶油夾入鬆軟的鬆餅中，層層捲起。

材料（兩條份）
法式（分別打發法）鬆餅的材料
（請參閱P.92）

┌ 鮮奶油⋯⋯⋯⋯⋯⋯⋯⋯⋯200㎖
│ 砂糖⋯⋯⋯⋯⋯⋯⋯⋯⋯⋯20g
└ 櫻桃酒⋯⋯⋯⋯⋯⋯⋯⋯⋯1小匙
草莓⋯⋯⋯⋯⋯⋯⋯⋯⋯⋯7至8顆
杏桃醬⋯⋯⋯⋯⋯⋯⋯⋯⋯4大匙
糖粉・薄荷葉⋯⋯⋯⋯⋯⋯酌量

製作方法

❶將法式鬆餅麵糊（作法請參閱 P.92）倒入長方形烤盤，放入已預熱烤箱中烘烤。

❷烤好之後，以濕抹布放於烤盤底下降溫，趁仍有餘溫時以保鮮膜包覆。

❸在鋼盆中加入鮮奶油、砂糖、櫻桃酒，隔冰水打發至約八分濃稠度。

❹將草莓切成小方塊。

❺將杏桃醬及步驟❸的奶油（半量）塗抹於步驟❷烤好的鬆餅上，將步驟❹草莓（半量）鋪入。

❻將步驟❺放於烘焙紙上，將底部烘焙紙向上拉起，並以此手法慢慢捲起。

❼以相同方式再製作一條，切成容易食用的寬度，薄撒上一層糖粉，以薄荷葉點綴。

鬆餅三明治・巧克力香蕉

才花了一點時間，就能作出如此濃郁的點心呢！

材料（長方形・4片份）
法式（分別打發法）鬆餅巧克力
蛋（蛋1個＋蛋黃2個份）……90g
砂糖……2大匙
牛乳……240㎖
鮮奶油……40㎖
蜂蜜……2大匙
鹽……至少5g
香草精……少許
低筋麵粉……185g
可可粉……15g
無鹽奶油……80g
蛋白……2個份
砂糖……4大匙
鮮奶油……200㎖
砂糖……15g
蘭姆酒……1小匙
香蕉……2小根
檸檬汁……2小匙
巧克力錠……3大匙

| 預先準備 |

●將低筋麵粉、可可粉混合過篩備用。
●將奶油以隔水加熱融化後，靜置降溫。
●蛋白放入冰箱冷藏備用。

製作方法

❶ 蛋打散於鋼盆中，加入砂糖後以攪拌器攪拌至泛白，加入牛奶、鮮奶油、蜂蜜、鹽、香草精攪拌拌勻。

❷ 加入已過篩粉類，以橡皮刮刀攪拌。

❸ 加入已溶解的奶油，拌勻。

❹ 將蛋白放入另一鋼盆中，打發至八分濃稠度後加入砂糖（4大匙），持續打發至呈現立角狀。

❺ 將步驟❹的⅓分量加入步驟❸中，以攪拌器攪拌。再將剩下的部分倒入後，以橡皮刮刀翻拌，動作要輕快，盡量避免壓破氣泡。

❻ 將麵糊倒入已預熱的烤盤中（約可蓋住烤盤圖案的分量，再依照鬆餅機說明書指示進行烘烤。烤好之後，以濕抹布放於烤盤底下降溫，趁仍有餘溫時以保鮮膜包覆。

❼ 在鋼盆中放入鮮奶油、砂糖、蘭姆酒，隔冰水打發至約八分濃稠度。

❽ 香蕉去皮後切成圓片，淋上檸檬汁。

❾ 將熱巧克力錠以隔水加熱溶解，裝入擠花袋中。

❿ 將步驟❼的奶油（半量）塗抹於鬆餅上，放上步驟❽的香蕉片（半量），擠上步驟❾的巧克力醬，疊上另一片鬆餅，以手指由上往下輕按使兩片鬆餅稍微接合。以同樣方式再作一組，切成方便食用的大小。

鬆餅三明治・卡布奇諾咖啡

適合喜愛咖啡口味的您

材料（長方形・4片份）
法式（分別打發法）鬆餅巧克力的材料
即溶咖啡……2大匙
熱水……2大匙
黍砂糖……1大匙
KAHLUA（卡魯哇）咖啡香甜酒 …1大匙
鮮奶油……200㎖
砂糖……30g
肉桂粉……少許
覆盆子・薄荷葉……各酌量

製作方法

❶ 以長方形烤盤烤出4片法式鬆餅巧克力（作法請參閱P.95）。烤好之後，以濕抹布放於烤盤底下降溫，趁仍有餘溫時以保鮮膜包覆。

❷ 製作卡布奇諾奶油。以熱水沖泡咖啡，加入砂糖，充分攪拌，倒入咖啡香甜酒並拌勻。

❸ 將鮮奶油、砂糖倒入鋼盆後，隔冰水打發至約八分濃稠度。舀出約1大匙步驟❷奶油，倒入鋼盆中並攪拌。

❹ 以刷子將剩下的步驟❷奶油塗抹於步驟❶烤好的鬆餅上，再抹上步驟❸的奶油（半量），撒上肉桂粉，蓋上另一片鬆餅，以手指由上往下輕按，讓兩片鬆餅稍微接合。

❺ 以相同方式再作一組，切成方便食用的大小，置於盤中，以覆盆子、薄荷葉點綴。

烘焙 良品 21

香脆・鬆軟・幸福的滋味——
好好吃の格子鬆餅

....

作　　者／のむら ゆかり
譯　　者／張　鐸
發 行 人／詹慶和
總 編 輯／蔡麗玲
執行編輯／詹凱雲
編　　輯／蔡毓玲・林昱彤・劉蕙寧・黃璟安・陳姿伶
封面設計／周盈汝
美術編輯／陳麗娜・李盈儀
內頁排版／造　極
出版者／良品文化館
郵政劃撥帳號／18225950
戶名／雅書堂文化事業有限公司
地址／220新北市板橋區板新路206號3樓
電子信箱／elegant.books@msa.hinet.net
電話／(02)8952-4078
傳真／(02)8952-4084

....

2013年8月初版一刷　定價 280元

....

OISHII KIHON NO WAFFLE by Yukari Nomura
Copyright © TATSUMI PUBLISHING Co., LTD.2011
All rights reserved.
Original Japanese edition published by Tatsumi Publishing Co., Ltd.

This Traditional Chinese language edition is published by arrangement with
Tatsumi Publishing Co., Ltd.,Tokyo in care of Tuttle-Mori Agency, Inc., Tokyo
through Keio Cultural Enterprise Co., Ltd., New Taipei City ,Taiwan.

....

總經銷／朝日文化事業有限公司
進退貨地址／235新北市中和區橋安街15巷1號7樓
電話／(02)2249-7714　　傳真／(02)2249-8715

....

STAFF

攝　　影／高田　隆
設　　計／工藤雄介
造　　形／小野寺祐子
料理助理／真壁浩子・根岸裕子
企劃・編輯／株式会社ドーヴィル
執行・責任編輯／安藤　賛

國家圖書館出版品預行編目(CIP)資料

香脆・鬆軟・幸福的滋味：好好吃の格子鬆餅 / のむら
ゆかり著；陳曉玲譯. -- 初版. -- 新北市：良品文化館,
2013.08面；　公分. -- (烘焙良品；21)
ISBN 978-986-7139-92-4(平裝)
1.點心食譜 2.餅

427.16　　　　　　　　　　　　　102013420

Delicious&
basic Waffl

極好吃！

就是要超手感天然食材

超低卡不發胖點心、酵母麵包、米蛋糕、戚風蛋糕……
讓你驚喜的健康食譜新概念。

烘焙 良品

烘焙良品 01
好吃不發胖低卡麵包
作者：茨木くみ子
定價：280 元
19×26cm・74 頁・全彩

好想咬一口剛出爐的麵包，
但又害怕熱量太高！本書介
紹 37 款無添加奶油以及油
類的麵包製作方式，讓你在
家就能輕鬆享受烘焙樂趣。

烘焙良品 02
好吃不發胖低卡甜點
作者：茨木くみ子
定價：280 元
19×26cm・80 頁・全彩

47 道無添加奶油的超人氣
甜點食譜大公開！沒有天分
的你也不用擔心，少了添加
油品的步驟，教你輕鬆製作
多款夢幻甜點不失手唷！

烘焙良品 03
清爽不膩口鹹味點心
作者：熊本真由美
定價：300 元
19×26 cm・128 頁・全彩

發源於法國的鹹味點心，不
但顛覆了大眾對甜點的印
象，更豐富了人們的選擇。
只要動手作了之後，就可以
發現法式點心的迷人之處。

烘焙良品 05
自製天然酵母作麵包
作者：太田幸子
定價：280 元
19×26cm・96 頁・全彩

簡單方便的原種培養法，製
作多種美味硬式麵包，以及
詳細的製作過程介紹，此外
本書還有作者的獨門小偏
方，讓你在家輕鬆製作。

烘焙良品 06
163 道五星級創意甜點
作者：橫田秀夫
定價：450 元
19×26cm・152 頁・彩色 + 單色

本書介紹超多創意甜點，
163 道食譜都能滿足你的需
求，還能隨意加入市售的各
種食品材料，使用的彈性範
圍大就是本書的最大特色。

烘焙良品 07
好吃不發胖低卡麵包 PART 2
作者：茨木くみ子
定價：280 元
19×26 公分・80 頁・全彩

不發胖的麵包是以進入身體
後容易燃燒的食材來製作。
既不使用油脂，且蛋白質也
控制在最低限度，就讓我們
一起來吃低卡麵包吧！

烘焙良品 08
大人小孩都愛的米蛋糕
作者：杜麗娟
定價：280 元
21×28 公分・96 頁・全彩

本書突破了傳統只用麵粉作
點心的規則，每道點心都是
烘焙達人用心設計，堅持手
作自然健康，過敏者也能安
心食用唷！

烘焙良品 09
新手也會作，吃了會微笑的
起司蛋糕
作者：石澤清美
定價：280 元
21×28 公分・88 頁・全彩

6 種起司，就能作出好吃起
司蛋糕和點心，3 種基礎起
司蛋糕製作搭配 6 種創新
法，掌握 50 招達人祕笈，
你也是起司蛋糕達人！

烘焙良品 10
初學者也 ok！自己作職人配方的戚風蛋糕
作者：青井聰子
定價：280 元
19×26 公分·88 頁·全彩

作法超簡單，只要有蛋、麵粉、砂糖、沙拉油就能輕鬆完成。堅持使用植物性油，並使其中充分含有空氣而產生細緻口感。

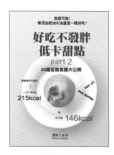

烘焙良品 11
好吃不發胖低卡甜點 part2
作者：茨木くみ子
定價：280 元
19×26cm·88 頁·全彩

本書不僅包含基本裁縫工具的使用方法、圖文並茂的縫紉手法……並介紹許多能讓你事半功倍超好用的工具，還有豐富超實用小技巧唷！

烘焙良品 12
荻山和也 × 麵包機魔法 60 變
作者：荻山和也
定價：280 元
21×26cm·100 頁·全彩

本書可說是荻山和也最精華的麵包食譜，除了基本款土司，並且可以當零嘴的甜麵包，輕食＆午餐的鹹味麵包，還有祕密的私房特級麵包！

烘焙良品 13
沒烤箱也 ok！一個平底鍋作 48 款天然酵母麵包
作者：梶 晶子
定價：280 元
19×26cm·80 頁·全彩

讓讀者在家也可輕易製作天然酵母麵包，以這些家中一定有的工具來進行麵包製作，即使是沒有麵包烘焙經驗的人，也能夠輕鬆動手體驗！

烘焙良品 14
世界一級棒的 100 道點心：史上最簡單！好吃又好作！
作者：佑成二葉・高沢紀子
定價：380 元
19×24cm·192 頁·全彩

詳細圖解步驟的製作過程，並附有貼心小叮嚀教你注意過程中的楣楣角角，讓新手、家庭主婦、烘焙達人都能輕鬆上手！

烘焙良品 15
108 道鬆餅粉點心出爐囉！
作者：佑成二葉・高沢紀子
定價：280 元
19×26cm·96 頁·全彩

收錄孩子們愛吃的點心！輕鬆利用鬆餅粉，烘焙出令人垂涎三尺的美味點心，與孩子一起享受可麗、餅乾、多拿滋及捲餅……的好滋味！

烘焙良品 16
美味限定・幸福出爐！在家烘焙不失敗的手作甜點書
作者：杜麗娟
定價：280 元
平裝·96 頁·21×28cm·全彩

50 道烤箱點心，讓你滿桌幸福好滿足。堅持少糖、少油的健康烘焙，超簡單！最完整！零失敗的幸福手作點心！

烘焙良品 17
易學不失敗的 12 原則 × 9 步驟——以少少的酵母在家作麵包
作者：辛栄 ゆきえ
定價：280 元
19×26·88 頁·全彩

簡單＆方便的 12 原則 +9 步驟，介紹多種美味硬式麵包食譜，以及詳細步驟，有各國鄉村麵包、洛斯迪克、裸麥麵包……

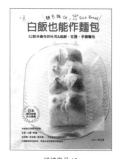

烘焙良品 18
咦，白飯也能作麵包
作者：山田一美
定價：280 元
19×26·88 頁·全彩

利用白飯，製作口感 Q 彈、米香麵包！以蔬菜、水果、粉類等食材製作。有離乳食品、餡餅麵包、麻花捲麵包……

烘焙良品 19
愛上水果酵素手作好料
作者：小林順子
定價：300 元
19×26 公分·88 頁·全彩

藉由正常菌等微生物的力量，提出食材美味，攝取到更多營養成分，吃得美味，又健康，讓家人吃到不含添加物的安全點心。

烘焙良品 20
大自然味の手作甜食 50 道天然食材&愛不釋手的 Natural Sweets
作者：青山有紀
定價：280 元
19×26 公分·96 頁·全彩

將最簡單、迅速的製作方法。製作一年四季都可以品嚐的小點心。是一本讓人感受到樸實卻又溫暖的手作點心書。

Delicious&
basic Waffle